ボルネオ島における
持続可能な社会の構築

自然資本を活かした里山保全 奮闘記

鈴木和信

明石書店

目次

2　さまざまな実践活動　49

3　いろいろな新しい発見　89

第2章 グローバルとローカルをつなぐ持続可能な社会に向けて

本書に掲載している写真については、出典・提供元の明記が必要なものは写真の下に記載した。特段の断りがなければ、筆者が撮影した写真など利用上問題のないものを掲載している。

はじめに

ボルネオ島（インドネシアではカリマンタン島とも言われる）はマレーシア、ブルネイ、インドネシアの三国からなる島であるが、熱帯林に覆われており、オランウータン、テングザルなどの動物が生息する他、世界でいちばん大きな花と言われているラフレシアが生息する世界でも有数の生物の宝庫というのが一般的な印象だと思う。また、戦争を知る世代は、日本が一時的に占領した場所として記憶にあるひとも多いだろう。1950年代から90年代までは、ボルネオ島は世界有数の木材輸出国であり、当時、高度成長真っただ中であった日本に多くの木材が輸出されていたことを知るひとも少なくないだろう。

2000年代に入ると、市場経済主義の浸透もあって経済優先の政策をとる国が世界的に増えてきた。この結果、取り返しのつかないような環境破壊が起きている。ボルネオ島の最先端部にあるマレーシア・サバ州は綺麗な海と豊かな熱帯林に囲まれた風光明媚なところであり、ある旅行者のアンケートでは、「世界で行きたいリゾートベスト10」にも選ばれたところである。しかし、ここでも世界規模の市場経済化やグローバリズムの波が押し寄せている。綺麗なエメラルドグリーンの海は黄色となり、深い緑の熱帯林は黄色の土が剥きだしている（次頁サバ州の新聞記事）。サバ州のあちこちの山は山頂にまでオイルパームやゴムのプランテーションが広がる。土地がないから、山の上の森林まで伐採しプランテーションに変えてしまう。熱帯林を一度に伐採してしまい、そこに大雨が降り、水を貯めておく森林がなくなったことで、大量の水と土が一気に海に流れ出てしまうのである。このようなことが残念ながらサバ州のあちこちで見られるようになってしまった。

このような状況は日本とは無縁ではない。食品の成分表示欄をみると「植物油脂」と書いているものが多いが、これが「パームオイル」と関係があるということを知っているひとは意外と少ない。食パン、マーガリン、アイスクリー

Massive steep slope development with entire hill stripped bald. How could this escape notice of the authorities?
At right: View of the sea at Putatan area.

'Look, it's Sabah's yellow sea!'

Kan Yaw Chong

KOTA KINABALU: Massive evidence of pollution is visible practically along the entire west coast from Weston right up to Putatan, making it look like Sabah's yellow sea.

"It's huge," said Charlie Ho, an architect and LDP Treasurer who happened to be on a flight from here to Tawau, last Friday, while the plane kept circling for 40 minutes to burn up fuel after developing an unspecified technical problem.

"The captain didn't tell us what the problem was but that gave me plenty of time to look out of the window and I became very concerned what I saw – just miles and miles of what looked like sediments poured into the sea all the way between Weston to Putatan from maybe newly opened oil palm clearing or construction sites," Ho said. On board the flight were also top officials from the Home Ministry.

"As a Sabahan, I feel very concerned about what impression we are giving to a lot of tourists about the State since this is the direct flight path into and out of Sabah between Singapore, Kuala Lumpur, Johor Baru, Brunei and Kota Kinabalu," Ho said.

The extent of the plume reported this time certainly was the largest so far. Particularly over last two years, there has been a rash of slope cutting activities all over Sabah, driven mostly by the oil palm craze, with wonton stripping of entire hill tops as if laws have no meaning. On paper, the Agriculture Ministry bars development above 25 degree slopes but it has never been enforce.

In Australia, clearing slopes above 17 degrees is a crime. But in Sabah, steep slope cutting has even happened on the Kepayan Ridge right beside the Kota Kinabalu Airport runway for all arrivals to see and some repeat Australian visitors like famed war historian Lynette Silver had expressed her shock that nice greens suddenly shaved bare.

Alarmed readers had actually made frantic calls to the press with many complaints about massive clearing of steep slopes on the ridges of hills with apparently no control whatsoever from any of the Ministries or environmental agencies.

In response, Daily Express visited the sites indicated to the press and confirmed the facts, and highlighted them in articles as sense of duty but no counter action from the arm of law to out the offence ever happened, it seemed.

As evaporation and precipitation increase in tandem with global warming, more frequent and heavier monsoon rains simply wash these exposed bare soils straight down the hills, jam the rivers and mangrove swamps with mud first before billions of tonnes of sediments fill the sea, destroy seagrass beds and snuff life out of coral reefs which obviously do great harm to coastal fisheries and the level of attractiveness to tourism.

In this era of global warming and frequent storms, outrageous steep slope excavation and bulldozing should be labeled a grave environmental offence and banned outright because it will kill water bodies and the Government should start invoking its basic mandate to safeguard the State's common natural resources of the people.

2013年11月27日（Daily Express）

ム、カップ麺、その他植物性の洗剤などにも使用されている。意外と知られていないので「見えない油」と言われることすらある。日本はマレーシアやインドネシアから大量のパームオイルを輸入している。パームオイルを製造するためには巨大な森林をパームプランテーションに転換しないといけない。このため、熱帯林が伐採され、多くの動植物の生息を難しくしている。

パーム産業は悪だ、と声高に言うことを時々耳にするが、パームオイルがないと日本では生活ができない。ポテトチップス50グラムを作るためには7.2グラムのパームオイルが必要であり、ポテトチップス1ピース（一かけら）作るためには6平方センチメートルの土地が必要と言われている。なかなかピンとこないかもしれないが、私たちの日常生活と切っても切れない関係があることは間違いない。

私は2013年3月から2016年3月までの3年間、政府開発援助の仕事でサバ州に滞在した。滞在期間中、ある小さな村の環境保全と地域開発のお手伝いをする機会に恵まれた。政府開発援助の仕事なので「お手伝い」という言い方をしたが、実は私自身が多くのことを村人から教えていただいた。今の時代、モノや情報が溢れ、価値観も多様化する中で、自分の生き甲斐（あるいはどうやって死んでいくかという死に甲斐）や社会における自分の立ち位置などがあやふやになっていないだろうかと思うことがある。下を向いたり、後ろ向きになったり、いろいろと「あきらめている」ひとが多くないだろうか。東日本大震災やコロナウイルス蔓延は、ひとびとを分断したが同時にひとびとの絆の重要性を教えてくれている。自分は社会にどのように貢献できるだろうか？　自分って何だろうか？　など悶々とした生活を送っているひとも多いと想像する。もっと元気になっていいはずである。

本書の構成は以下のようなものとした。まず、私がサバ州のある村のひとびととの交流をまとめた記録を記し、その上で業務を通じた知見や教訓といったものを整理した（第1章）。同時に、そこから紡ぎだされた教訓や示唆はサバ州にとどまらず、日本も含め世界規模でみても有用なものが多いと考え、それらを少し専門的な知見も含めて解説した（第2章）。さらに、読んでいただける皆さんと共有したいこと、今の日本で生きていくために大事なこと、あるいは今のせわしい社会で忘れがちなものと思われるものを整理した（第3章）。私が講師を務めていたいくつかの大学の講義でこの本のなかに書いてあることを話した時に一定の反応を感じた。20歳前後の若者世代のすべてではないが何人かの若者の心に何かが響いたことを感じることができた。20歳前後の若者は将来に関して大いに悩んでいる。そんな若者を意識して書いたのがこの本である。本書に出てくる研究や調査の結果の詳細をお知りになりたい場合には、巻末の参考文献・参考図書をご参照いただければと思う。表現はできるだけ平易にしたつもりだが、わかりづらいというものはひとえに私の表現力と語彙力に起因するものである。また、本書に出てくる情報やデータ、また表記については細心の注意をもって確認をしたつもりであるが、不明瞭な点があるとすれば、ひとえに私の責任であることを予めお断りしておきたい。多くの方に目を通していただき、これからの生活を充実させるための何かしらのヒントやきっかけを提供できたとすると望外の喜びである。

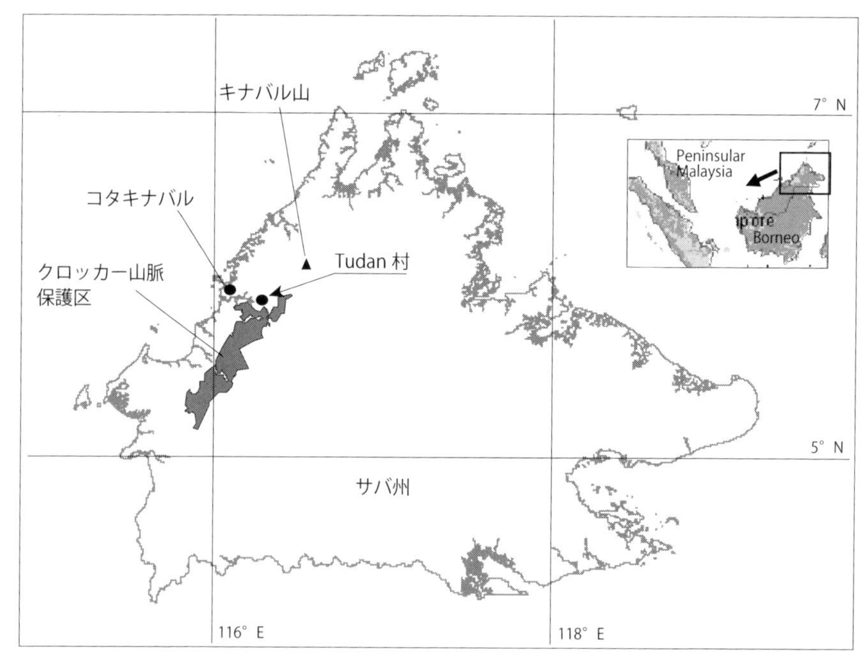

（対象地域地図）

私の任務

私がサバ州で勤務を始めたころ、サバ州では「モデル村」構想があった。モデルって何のモデルだろうと当然考えた。サバ州の西側の山岳地帯にクロッカー山脈国立公園がある。この公園は私がサバ州に滞在中の2014年6月にユネスコのエコパークに指定された。ユネスコエコパークは、豊かな生態系を有し、地域の自然資源を活用した持続可能な経済活動を進めるモデル地域のことで、世界自然遺産が、顕著な普遍的価値を有する自然を厳格に保護することを主目的とするのに対し、ユネスコエコパークは自然保護と地域のひとびとの生活（人間の干渉を含む生態系の保全と経済社会活動）とが両立した持続的な発展を目指すものである。エコパークは指定された地域を三つに区分することになっており、真ん中の地域を核心地域、その周辺を囲むように緩衝地域、いちばん外側を移行地域と呼ぶ。核心地域は厳格に保護することが求められており、緩衝地域は核心地域のバッファーとして教育や研究活動、エコツーリズムなどが行われることが多い。移行地域は経済発展が図られる地域であり居住者が多い。同じユネスコでも、世界遺産はよく知られている。

サバ州では、エコパークへの国内外からの観光客の誘致、教育・研究拠点としての整備と並んで、地域のひとびとの生活向上と環境保全の両立が課題となっていた。特に、緩衝地域には約400の村があり、村人は伝統的な生活を営んでいるが、多くの村人は経済的に貧しいひとびとであった。マレーシアの統計局によると、マレーシア全13州のうち、最貧州はサバ州であり、サバ州全人口のうち、2009年は約20%が貧困（他州は5%以下）、2012年は約8%（他州は3%以下）が貧困とされている。貧困率は改善されているものの、マレーシア全体のなかでは最貧州である。ちなみに、ここで言及している「貧困」というのは、マレーシア政府が定める世帯収入が基準となっていることを付記しておきたい。

私がサバ州政府の関係者と協議した結果、私の任務は、エコパークの緩衝地域にある村を選んで環境保全と経済社会活動が調和・両立する「モデル村」の構築のお手伝いをすることであった。

モデル村の選定

約400もある村をすべて対象にはできないけど、すべての村を見て回りたいと思った。でもクロッカーのエコパークは全体で3,500平方キロメートルあり、私の生まれ故郷の埼玉県を少し小さくした面積規模なので、すべてを見て回るのは現実的ではなかった。私が適当に選んでいいはずはないだろうと思うのは当然であり、そもそも政府の政策ということであれば、村の選定は政府が主体的に行うべきではないかと考えるようになった。私が日常的に一緒に働いていた政府の職員は、サバ州の天然資源庁の職員であり、土地や天然資源の管理に関して政策を決定する立場にあったが、実際の現場の管理は公園局、農業局、森林局、灌漑局等が行っており、関係する職員の意見をきいて、合意形成のプロセスを踏むことになった。みんなが参加し、みんなで議論し、みんなの合意の基で事業を企画し実施するのである。

村を選定するにあたり、その基準が議論された。何度か議論を重ねた中で、次のような基準を満たす村を選定することにした。①重要な生物多様性や野生動物の損失が危惧されている、②村落住民の生計向上の可能性が高い、③村落住民、村関係者、地方政府に事業への参加意欲がある、④アクセスが比較的容易でモデルとして外部に見せる潜在性が高い、⑤同様の事業が他に存在しない。村は2か所選定することが決まったが、この五つの基準を考慮し、まず最初に選定されたのがTudan村（トゥダン村）である。

Tudan村との出会い

Tudan村はサバ州の州都であるコタキナバル市から東に車で1時間ほどに位置する人口315人、世帯数42（2014年の統計上の数字）、サバ州の民族であるドゥスン族が多く占める小さな村である。村は山に囲まれ、標高は1,130メートル、ユネスコエコパークの緩衝地域にあり、環境保全と経済社会活動が調和・両立する「モデル村」としてサバ州政府が選んだ理由にも納得がいく。

村で活動をするにはルールがある。村を取り仕切る村長に挨拶をして、なぜTudan村が日本の政府開発援助事業の対象村に選ばれたのか、日本は何をしようとしているのか、村落住民が行うべきことがあるのか、村落はどのような便益を得ることができるのか、等々丁寧に説明をしないといけない。2013年9月2日に村長宅を訪問した。村長は一見強面であったが、笑顔で私を迎えて

Tudan 村全貌

くれた。村長は英語を話すことができないため、ドゥスン語の通訳を介して、サバ州政府の決定、日本の援助の概要、そして私自身のことを一通り説明した。村長からは援助や支援に対しての感謝と大きな期待の言及があった。

挨拶の後、昼食をご馳走になり村を案内してくれた。村の第一印象はとにかく自然に囲まれた綺麗な村、静かな村といったものであったが、失礼ながら「何もない村」というものであった。家と田んぼしかない村であった。しかし村長さんの話を聞くといろいろな感動や発見がある。たとえば、住民の家である。住民の家の周りには所狭しと多種多様な野菜や花がある。これは野菜を植える土地がないから庭で育てている、花が好きな民族だから、といった理由ではない。もちろん、野菜や花に囲まれた生活を好む住民はいると思う。一般的に、単一の作物栽培は、多種類の作物栽培に比べ、害虫に弱いとされる。免疫力も小さい。したがって、一度害虫にやられてしまうと、作物すべてが育たなくなり生活ができなくなる。Tudan 村の住民はこのことを親や祖父母から代々受け継いでいる。自分の生活を守るためにも多種多様な野菜や花を栽培し、市場価格が暴落した時の対応を含め、収穫の安定化を行っている。同行した通訳の職員によれば、Tudan 村の住民は科学的な根拠は知らないが、伝統的な知恵として、このような生活を実践してきたと言う。稲作も複数種の米を栽培しているが、これは害虫対策として長年実施しているとのことである。多様性のある農業（特に野菜）は、土壌改善・向上につながることを経験的に、また伝統的に知っており、実践している。このことを知った時に、私は心が躍ったこ

Kiulu's Kg Tudan selected as model village

Chris Maskilone

KIULU: Kampung Tudan has been selected as the model village under the JICA-Sustainable Development on Biodiversity and Ecosystems Conservation in Sabah (SDBEC) for the Crocker Range Biosphere Reserve.

Under the programme, a series of activities would be implemented such as good practice of agriculture, alternative livelihood, environmental awareness and education among others.

A baseline study would commence early February this year with the participation of about 130 villagers including those from the neighbouring villages and government agencies like Forestry Department, Department of Agriculture, Tuaran District Office, Sabah Parks, Department of Drainage and Irrigation.

SDBEC Chief Adviser, Kazunobu Suzuki at the launching ceremony said the project basically aimed at the community living in harmony with nature concept.

Bangkuai hitting the gong to symbolise the launching of the pilot project while Suzuki and others look on.

SDBEC is a joint technical cooperation between the Sabah State Government, Malaysian Federal Government and Japan International Cooperation Agency (JICA) under Japan's Official Development Assistance (ODA).

The cooperation is for four years from July 2013 to June 2017.

Sabah's experiences in the project would also be shared nationally and internationally for biodiversity conservation and sustainable development.

In detail, he said the project would provide necessary technical support and capacity building to assist the appropriate implementation of the Sabah Biodiversity Conservation Strategy, conduct the pilot project on alternative livelihood activities in and around protected areas to seek co-existence between human existence and nature, and support towards the implementation of the management plan for conservation of the Ramsar site.

Launching the project on Wednesday here, Assemblyman Datuk Joniston Bangkuai expressed gratitude to JICA for choosing Kampung Tudan, in his constituency, as the site for the pilot project.

He also called on the villagers to give their full support to the programme, which provides them the opportunity to understand the need for a balanced and sustainable development.

Tudan 村でのキックオフ会合の様子

伝統的なゴングを政府職員が叩く様子。
2014 年 1 月 30 日（Daily Express）筆者右から 2 番目

Tudan 村の風景
陸稲の様子（上）
斜面での野菜栽培の様子（下）

とを鮮明に覚えている。何もない村ではない、見えないけど多くの知恵や代々継承されてきた伝統が根付いている素晴らしい村ではないか、もっとこの村やひとのことを知ってみたいと思った。

家里を離れた村の風景は陸稲や野菜栽培であった。よくよく村長さんの話をきいてみると、Tudan 村の住民は農薬や化学肥料を使わない農業を 100 年以上も実践しているとのこと。これも代々受け継がれてきたもので、とにかく「環境を汚す外部からの人工物」を嫌う住民であった。

なんかすごい！　これが当時の私の気持ちである。水も空気も土もとにかく綺麗。そこには代々脈々と受け継がれてきたものが根付いている。もっと知りたい！　こうやって、この村長と一緒に「モデル村」を作る長いストーリーが始まった。

第１章　Tudan 村での活動
——環境保全と地域開発の調和を目指して

1

Tudan 村を知るための基礎的な情報集め

村のビジョンがない

環境保全と地域開発の調和の「モデル村」の構築を手伝うといっても、何をどうしていいか最初は悩みに悩んだ。そもそも「モデル」って何？　他にない何か新しいことを始めろというのか、ユネスコブランドを使って観光客を呼べばいいのか？　そういえば、クロッカー山脈を横断するゴンドラの建設計画があったとかないとか政府職員が言っていた。

Tudan 村の今後をどうあるべきかと考えたときに当然住民の意向がいちばんである。現地で生活しているひとの意見をまずはよく聞くべきであり、外国人の私があーだこーだ言っても始まらない。地域の環境保全や開発は、地域の住民の視線に立って、身の丈にあったことを実施すべきである。大きなリゾート施設を建設することではないはずだし、住民もそれを望んでいないはずだ。いろいろと妄想・瞑想しながらも、よく住民の方々の意見をまずは聞くことにした。地域開発・地域創生の鉄則である。

村長さんに頼んで住民の方に集まっていただいた。最初は一部の代表者だけでいいとお願いしたように思うが、そもそも小さな村だし、「代表者って何の代表？」となるので、小さな子どもなど多くが参加した。たぶん、初めての海外支援事業ということで興味本位で、あるいは大きな期待を抱いて参加したひともいたと思う。そこで、改めて日本の政府開発援助、サバ州政府の意向、私の役割・立場等を説明した。そのなかで、Tudan 村の皆さんが目指している、あるいはこうなりたい、といった将来展望や今の計画などを教えてほしいと言ったところ、明確な回答はなく、計画にいたっては「ない」とのことであった。Tudan村にも○○はしてはいけない、といった住民誰もが知るルールはあるが、「こうありたい」という住民みんなが等しく認識している計画・ビジョンがないのである。住民が何を望んでいるのか、何に困っているのかが最初はわからなかった。

村や村人を知りたい

Tudan村には綺麗な環境がある、村長によれば化学肥料や農薬を使用しない農業を100年以上実践している、もしかして何も問題がないのではと思った。これなら政府開発援助なんていらない。住民の今の生活を壊すことにならないだろうか。

とにかく村のこと、村人のことをもっと知りたい。何もわからないと何もできない。適当に農業支援でもやればいいか？　観光客呼び寄せの宣伝でもするか？　この程度のことで開発援助の「実績」として日本に帰国してもTudan村のことなんて誰も知らないし、誰も何も言わないだろう。そんな選択肢だってあるかもしれなかった。ただ私はTudan村のことTudan村のひとたちのことをもっと知りたいと思う気持ちがとにかく強かった。一見何もない村のようであるが、見えないだけであり、伝統知というかご先祖様から代々引き継がれてきたものがたくさんあるような気がしてならなかった。根拠はないが確信めいたものがあって、とにかくこの村で村人と一緒に何かしたいと思う気持ちは抑えることができなかった。

村のことを知りたい、村人のことをもっと知りたい、そんな気持ちから、住民の方々との話は幾度となく行った。外国人である私を警戒しているひともいただろう。援助という言葉は何か想定外の期待を抱かせることもあるだろう。誤解は最初に解いておかないといけない。とにかく最初が肝心である。村人とじっくり話をすることにした。

みんなが同じ認識を持っていない

住民の方々との話し合いでは、多くのひとの意見を聞くように努めた。どうしても年配の方の意見が優先されがちである。しかし、皆さんの意見をきいているうちに感じたことがある。それはみんなが言うことが村全体の認識になっていないことである。そもそも村全体のこと、たとえばどこに道路があって、ここの畑は○○さんのもの、などの情報が共有されていない。村の境界線もわかっていないひとが結構いる。正直驚いた。意外と村のことってみんな知らないんだと。

村の外観を知ってもらおうとある方にお願いしてドローンを村内で飛ばしてもらった。子どもたちは初めて見る得体の知れない飛行物体に歓声の声をあげていたが、ドローンで撮影した画像を見せるとさらにその声は大きくなった。自分たちの村を上空から見ることなんて今までなかったのだろう、大人までが興奮した様子であった。村は山に囲まれており、傾斜地がたくさんあり、わずかな土地を使って野菜や米を栽培していることを改めて理解できたようだ。「見せる」という行為は極めて単純であるが、外観を知るにはいちばん効果がある。何よりもみんなの興味を引き付けたことは、彼ら彼女らとの距離が少しだけ近くなったような気がした。

ベースライン調査

Tudan 村は、今何が問題で、将来どうあるべきなのか、まずはここを知りたかった。ただ、目に見えるものがないだけで、住民の方々はいろいろな思いを当然もっているはずである。それを見える化したいと思った。とにかく村の基本的なことを整理して村人内で共有することから始めないといけない。村に何があるのか？　何がないのか？　村人はどのような生活を営んでいるのか？今の生活に満足しているのか？　不満なことはあるのか？　などなど、まずは村の現況を把握し、その上で今後の望ましい姿を考えていくことが肝要である。この問題認識を住民に説明し、現地のコンサルタントの協力も得て、基礎調査

（ベースライン調査）を行い、その結果を踏まえて将来計画を作成することにした。

現況調査をして計画を作成する、日本ならどの自治体でも普通にやっていることかもしれない。途上国では、市町村で目指すべき理念などが整理されたものはなかなかないものである。ベースライン調査を開始したことはとても自然な流れであった。しかし、ここで注意したことは、当たり前のことではあるが、住民の声を聴きながら極力住民主体の作業を重視し、住民の思いを計画にしたかったということである。日本には無数の開発計画なるものが存在する。優良自治体と言われる自治体の事例を参考にすることは重要だが、紙を作るだけなら優良事例をコピー＆ペーストすればいい。でも、Tudan村の環境と伝統を残しながら発展していく道筋は外部者が簡単に行うものではない。必要な活動は住民が実施できるものでないといけない。日本の事例を住民の声も聴かずに取り入れた計画は絵に描いた餅であることは誰でも理解できる。だから、計画作成のためのベースライン調査は最初の段階から住民の方々に参加いただくような設計にした。

調査の主体は地域住民——ローカルチャンピオンの発掘

開発援助の世界ではベースライン調査は頻繁に行われる。ある地域のことをよく知っているのはそこに根差した生活を送っている地域の住民である。したがって、開発援助の世界では地域の住民を協力者として位置付けてベースライン調査に参画してもらうことがある。地域の住民の協力なくしてベースライン調査は実現しない。また、地域の住民が調査結果を自分事として捉えていただかないと、調査の最終結果は単なる紙切れになってしまい、事業は失敗、誰も喜ばない結果になってしまう。

Tudan村のベースライン調査では、設計段階から日本人の役割は村人の行う調査の側面支援を行うことを説明し、村人の協力はもちろん、村人が主体的に調査を実施してほしいことを繰り返し主張してきた。調査の実施には村人を「調査員」として位置付けるようにもお願いした。実際に、若者を中心とした村人調査員が誕生した。多くは男性であったが、彼らは調査を通じて、情報収集手法、収集した情報の分析方法、パソコンの使用方法、地域住民や村人以外の関係者とのコミュニケーション手法など多くのことを学び、後で感謝されるほどであった。彼らにとってはすべて新鮮な体験であり、体験を通じて学んだことは大きな収穫となったようである。

地域住民の主体的な参加以外に、ベースライン調査を円滑に行い、かつ調査結果を踏まえた実施を確実なものとするために、村内で影響力を持つ人材を探すことが必要であった。私たちはそのような人材をローカルチャンピオンと呼んでいた。ローカルチャンピオンこそが村の将来計画の実施のキーマンになると思われた。とにかくベースライン調査の結果が紙切れになってしまうことだけは何としても避けたかった。そこで、偶然みつけたのがマリウスという男性であった。彼は地元のサバ大学出身であり、村のことや村以外の地域のことをよく知っていた。私たちはローカルチャンピオンの資格のようなものを考えていた。単に教育水準が高いとか、地元のことをよく知っているだけではダメだった。私たちが求めていたローカルチャンピオンは、地元住民から尊敬・信頼されている、社会的な活動に率先して取り組み、住民を牽引していくリーダーシップがある、外国人含む村人以外のひとと意思疎通ができるコミュニケーション能力がある、村人の意見を集約し行政に意見具申できる力がある、私たち日本人の最大の理解者である、などであった。なかなかこのような条件を満たす人材は少ないものである。しかし、マリウス氏はこれらの条件をほぼ満たしていた。

Tudan 村には二人の村長がいる。一人は前述した年配者である。これは慣習的に選ばれた村長である。もう一人は政治的に選ばれたひとである。Tudan 村を管轄する郡から指名され、郡の方針等を村に伝えるような役割も担う。概して中堅若手が多い。マリウスはこの政治的に選ばれた村長でもあった。したがって、彼は郡とのつながりも強く、村人の意向や悩みなどを伝えることも可能であった。マリウスがローカルチャンピオンになったのは自然な流れでもあったが、彼なくしては私たちの仕事も成り立たなかった。

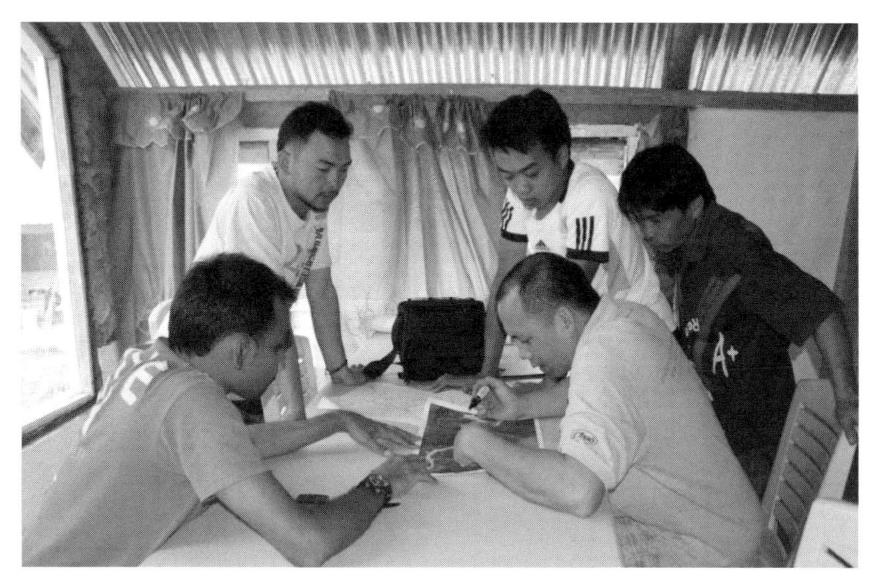

地域住民主体の調査風景

Japan International Cooperation Agency（2014），Community-Based Conservation Survey at Kg.Tudan, Sabah (Preparation Stage), Sustainable Development on Biodiversity and Ecosystems Conservation, Sabah. から引用

中央後ろがマリウス。当時 40 代前半。地元の酒を振舞っている様子

Tudan 村の概要

人口 315 人、世帯数 42 の小さな村である。最年長は 101 歳である。統計上は 30 歳以下の若者が全体人口の 65%を占めるが、これら若者は就業・就学機会を求めサバ州の首都であるコタキナバルを飛び出してマレー半島にあるマレーシアの首都クアラルンプールなどにいる。村の 16 人（平均年齢 62 歳）が正式な教育を受けていないが、その他の大人は初等から高等までの教育を受けている。

2012 年に主要道路から村に行く道路がようやく舗装された。電気は 2013 年後半に村内に行きわたり、水は基本的に村の上流部を流れるリボドン川の水を重力を使って村に引き入れて使用している。学校は小学校の低学年のみが通っており、高学年になると近隣の村などの学校に通学している。村には集会場としても重要な教会が一つある。村内の移動手段は基本、自家用車か徒歩である。

村人の多くはボルネオ島の少数民族のドゥスン族であるが、一部外部のイスラム系のひとと結婚をしたひともいる。若者の多くはマレーシア共通語・公用語のマレー語を話すが、年配者はドゥスン語のみを話すひとが多い。村人の多くは農業に従事しており、農業を中心とした生活を営んでいる。

村の小学生

村内にある小学校

村人の職業と生活

村人の約49%は就業しており、職に就いていない大人は全体の12%である。残り約39%は就業年齢に達していない子どもたちとなる。職業別でみると農業が圧倒的に多く、全体の62%であり、次に多いのが教師（16%）である。若者世代は登記上は村に居住していることになっているが、実際は都市部で労働をして、資金を村に還元しているケースが少なくない。

農業従事人口が多数を占めるため、村の収入源の90%以上が農産物の販売となる。農産物に余剰が発生した場合、あるいは豚といった家畜に余剰があれば村の外で売って現金収入を得ている。現金収入の平均は月額でおよそ400リンギット（日本円換算で約12,000円）である。

Tudanの村人は自給自足に近い生活を営んでいるように思えるが、実態はそうでもない。出費の内訳を調べていくと、食料購入費、移動費、医療費、教育費等の占める割合が多い。村で生産可能な食料、たとえば米といった穀物、果物、野菜だけでは日常生活は難しく、調味料、お菓子、豚・鳥以外の肉、乳製品、飲料（アルコール含む）が必要となる。また、村に病院や小学校以外の教育施設がないため、それら施設に移動するための費用（自家用車のガソリン代等）が発生する。ちなみに、全世帯の約半分（47%）が自家用車を所有している。

家電に目を向けてみると、住民の97%が携帯電話を所有している。山に囲まれた村にあっても、携帯電話の普及率は高い。新聞を定期購読している住民は皆無であり、ほぼ携帯電話を使用して情報を収集している。その他、60%の世帯がテレビを所有し、冷蔵庫といった家電を所有している世帯は全体の40%である。また、農業についても、全世帯の約44%がチェーンソーや草刈り機といった農機具を所有している。

ベースライン調査において、行政上の資料などを基に村の境界線と村内の土地利用の状況を明らかにした。村の面積は481ヘクタールであり、うち261ヘクタールが農地、190ヘクタールが森林地帯、残り30ヘクタールが居住地であることがわかった。このように村の境界線や面積を示したのはこの調査が

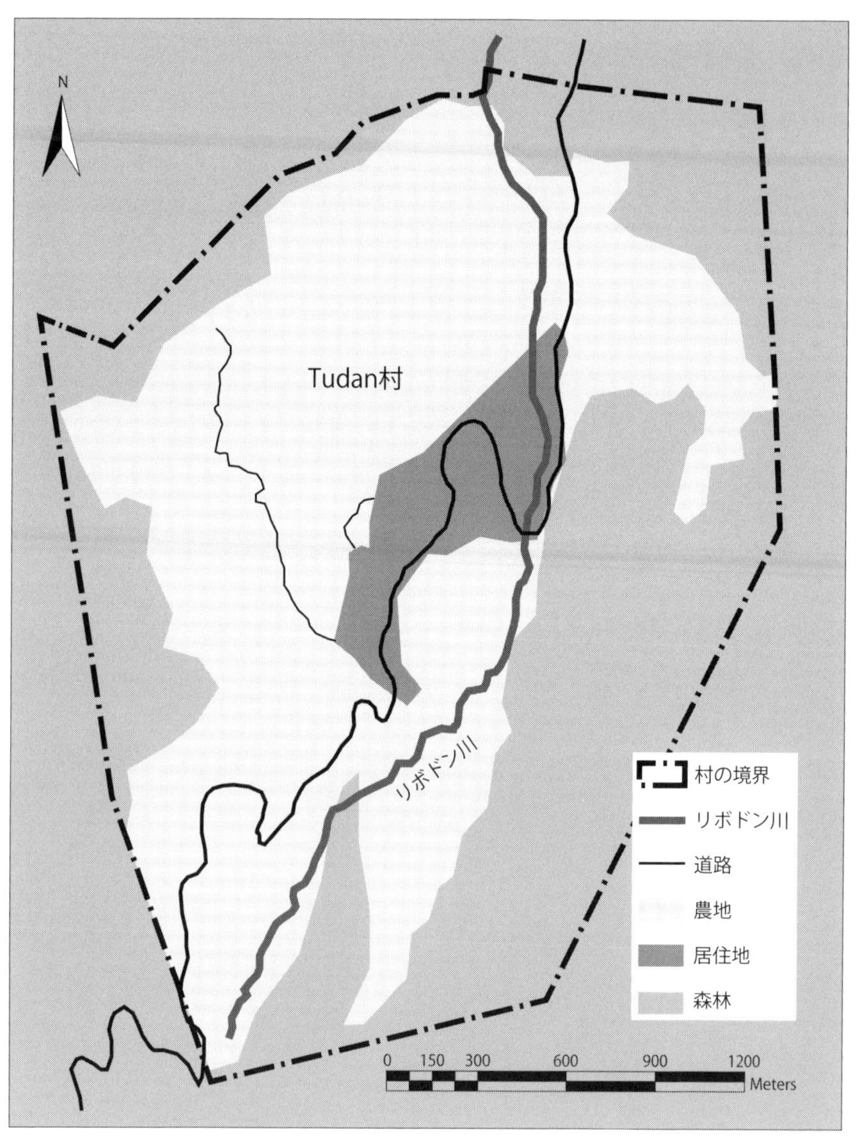

Tudan 村の境界線と土地利用

Japan International Cooperation Agency（2014）, Community-Based Conservation Survey at Kg.Tudan, Sabah (Preparation Stage), Sustainable Development on Biodiversity and Ecosystems Conservation, Sabah. から引用

初めてであった。今まで、村人は自分たちの村がどこまであるのか、どのように利用されているかをよく知らなかったのである。自分たちを知るための重要な第一歩となった。

もっと見える化しよう——コミュニティマッピング

Tudan村の境界線が明らかになった。ラフな土地利用状況もわかってきた。次に村人がどのように土地を利用しているのか、村の将来計画の作成にはもう少し住民目線での情報が必要であった。そこで村人に集まってもらってワークショップ形式で村の土地利用について情報交換を行うことにした。教会に一堂に会すことはあっても、自分たちの生活の状況や土地・資源に関する情報と意見を共有する機会は村人にとって目新しいものであった。

まず男女に分かれて土地や資源をどのように利用しているのか男女別に整理してもらう作業を行った。

村人は自分が利用している土地はよく承知しているが、他人の土地やその利用状況までは深くは知らなかった。また、村内で住民が共有しているような土地はなかったことがわかった。このことは、世界でよく確認されている共有林などの存在がTudan村にはないということで私には少し意外であった。どんな場所でも住民が土地を共有管理しているという先入観を少し反省した。

土地や資源に対する男女間の違いが明らかになった。男性は、自分の居住地から遠い場所に関心があることがわかった。これは、村の男性の多くが森に入って狩りを行う習慣からきているものである。どの森にどのような獲物がいつ頃現れるかを習慣的にわかっている男性は、遠い場所の森林資源や動物に関心を持っているのである。また、建築用の木材を確保する上で森林は重要であり、この点でも男性は遠くの森林に関心を持っている。一方で、女性は生活拠点の身近な土地や資源に関心を持っているのである。ここには食用になるようなものを栽培しよう、ここから生活用の水を持ってこよう、といった感じである。

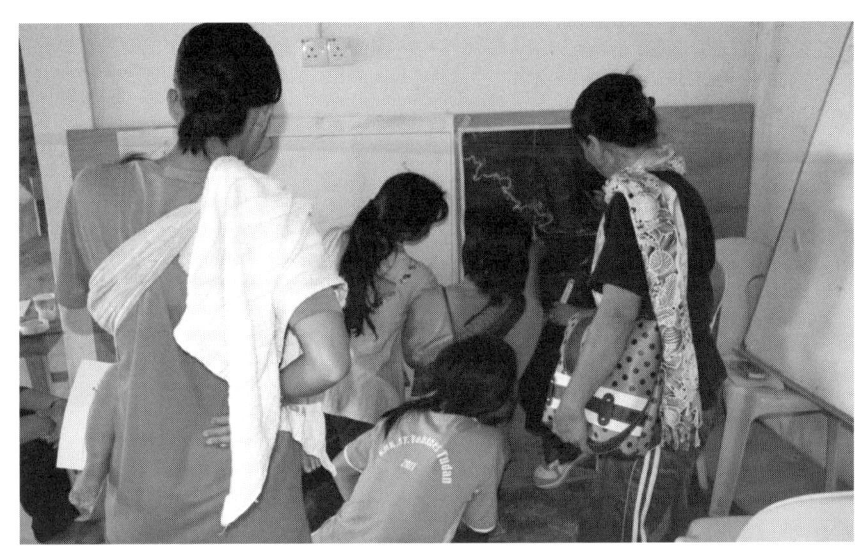

女性グループの議論の様子

Japan International Cooperation Agency（2014），Community-Based Conservation Survey at Kg.Tudan, Sabah (Preparation Stage), Sustainable Development on Biodiversity and Ecosystems Conservation, Sabah. から引用

男性グループの議論の様子

Japan International Cooperation Agency（2014），Community-Based Conservation Survey at Kg.Tudan, Sabah (Preparation Stage), Sustainable Development on Biodiversity and Ecosystems Conservation, Sabah. から引用

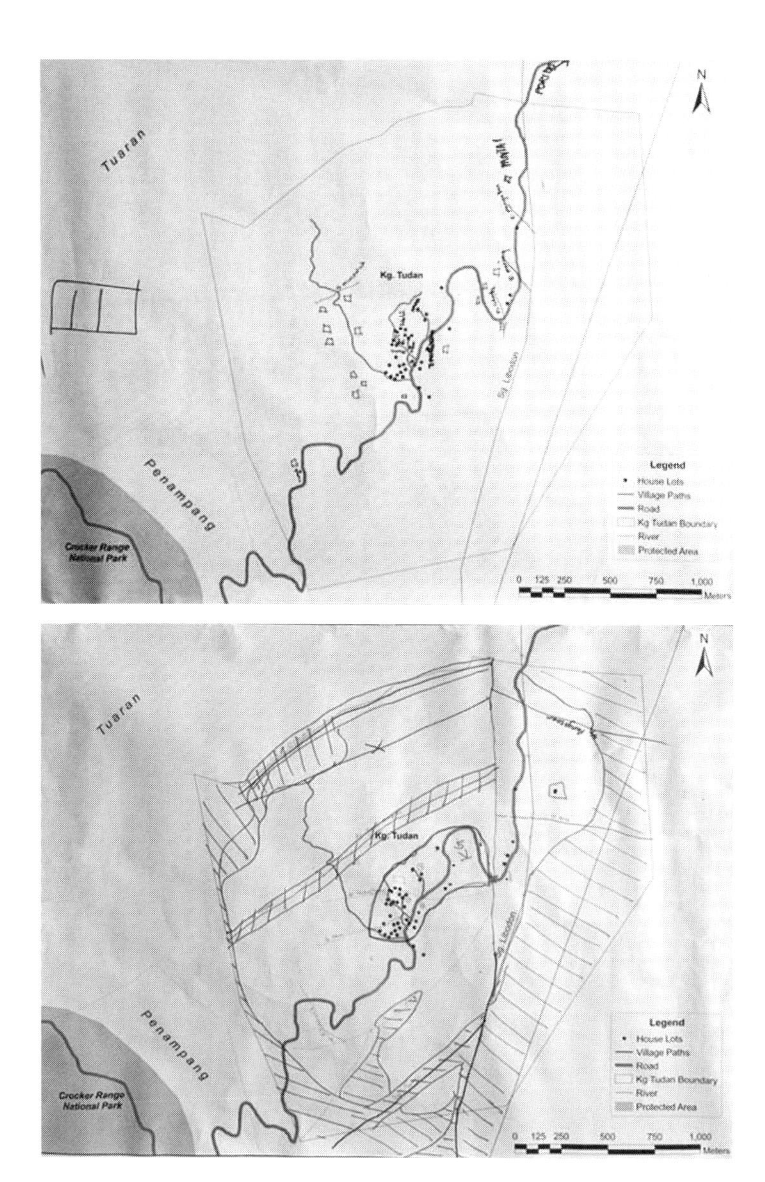

でき上がったコミュニティマップ

上が女性グループ、下が男性グループによって作成されたマップ

Japan International Cooperation Agency（2014）, Community-Based Conservation Survey at Kg.Tudan, Sabah (Preparation Stage), Sustainable Development on Biodiversity and Ecosystems Conservation, Sabah. から引用

住民の皆さんの意見や情報を集約し、道路、川、住宅などの位置関係を整理したものがコミュニティマップである。住民が必ずしも正確な情報を持っていなかった村の資源や土地の状況がこのように整理できた。このような情報は村の将来の開発計画を作成する上で不可欠なものであるが、衛星画像などを使った手法ではなく、手間は多少かかるが、村人の意見を聞きながら情報整理できたことは特筆したい。村人同士の意見交換の過程で多くのことが再発見できる手法である。

農業の実態——季節カレンダーの作成

Tudan 村の主な産業は農業である。今後の開発計画も農業を中心に据えたものになることに大きな異論はなかった。伝統に支えられている農業が Tudan 村のアイデンティティでもある。では、いつどのような農産物が栽培されているのか、季節の事情も踏まえた農業パターンなどを理解しておくことが必要であった。そこで実施したのが季節カレンダーなるものである。その結果が次頁である。上図が住民が作成した季節カレンダーのオリジナル、下図がそれを整理したものである。

Tudan 村の重要な穀物である米は、乾季が始まる前の６～７月に年に１回収穫される。マンゴー、ドリアンといった果物は５～７月が収穫期であり、７月が最盛期である。なお、バナナは季節に関係なく年間を通じて栽培・収穫がされる。さらに狩りも同様に季節性はなく、年間を通じて行われる。Tudan 村は飢饉といったものがなく、年間を通じて米、果物、野菜は十分にある。しかし、雨季と乾季の境目が明確でないことが最近発生しており、このことは特にマンゴーやドリアンといった果物の栽培に大きな影響を与えている。ボルネオ島の山奥の小さな村にも気候変動の影響が出ているのである。村人は気候変動という世界的な出来事を日常生活のなかで実感しているのである。

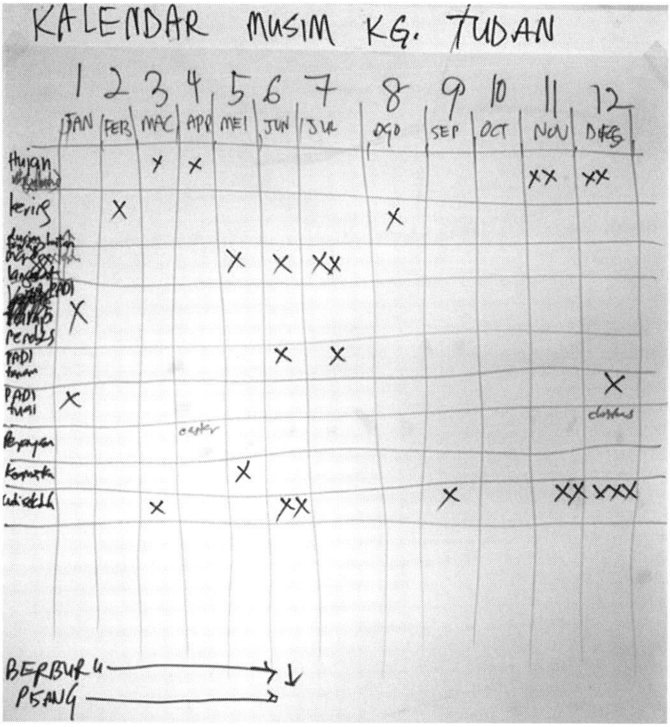

	1月	2月	3月	4月	5月	6月	7月	8月	9月	10月	11月	12月
雨　期			■	■							■	■
乾　期		■						■				
果物収穫					■	■	■					
田植え						■	■					
米収穫	■											■
カアマタン					■							
イースター				■								
クリスマス												■

季節カレンダー

カアマタンはドゥスン族の収穫祭、イースターはキリスト教徒にとって重要な祝日。

Japan International Cooperation Agency（2014）, Community-Based Conservation Survey at Kg.Tudan, Sabah (Preparation Stage), Sustainable Development on Biodiversity and Ecosystems Conservation, Sabah. から引用

村の歴史と文化

住民の方々にインタビューしても、Tudan 村がいつからあったのかは正確にはよくわからないが、年長者にきくとどうも第2次世界大戦頃（1940年代）には存在をしていたらしい。この村には多くの伝統文化がある。先祖から引きついだ知恵が脈々と生き続けている。資源には見えないものも多い。外部の人間が、村の資源を見える化することが、村を丸裸にすることではないかという意識もあった。当然、村人も最初はかなり警戒していたかもしれない。援助の名の下で、一つの小さな村を壊してしまわないか、そんな気持ちも持ちながらベースライン調査を続けていた。

村の将来計画の作成支援は村人と対峙しながら、外と内のコミュニケーションであった。Tudan 村の将来はこの村に長い期間維持されてきた歴史と文化

Kaamatan 時の村人の様子

大人の男性は狩猟、女の子は伝統衣装で、それぞれ自分を表現する

Japan International Cooperation Agency（2014）, Community-Based Conservation Survey at Kg.Tudan, Sabah (Preparation Stage), Sustainable Development on Biodiversity and Ecosystems Conservation, Sabah. から引用

が基盤であると感じるようになった。とにかく村人に寄り添って、彼ら彼女らの役に立つ仕事がしたかった。Tudan村の歴史や文化に学ぶことは多かったのである。

伝統的な農業と防災意識

インタビューをしていくと、Tudan村の農業は100年以上続き、ご先祖から代々引き継いだ農業であることがわかってきた。村人はとにかく化学肥料や除草剤の使用を嫌うのである。それは、Tudan村の澄んだ水や土を汚したくないという強い気持ちがあり、その気持ちも先祖から学び、今でも保持している。農作業においては、生産性の向上や草むしりは非常に重要なことであり、できるだけ効率的に実施したいものである。しかし、Tudan村のひとは、生産性よりも「汚れていない美味しいものを作る」気持ちがまずあり、「手間暇かけて」手で草むしりを行うのである。自分たちの環境は自分で守ることを伝統的に、日常的に実践しているのである。人工的なものを外部から接種しないような日常的な実践が、長生きの秘訣であるかのようである。

また、Tudan村は山に囲まれた場所にある。周囲が山に囲まれており、農業に適している土地は小さい。そのわずかな土地を有効に活用するために、山の斜面で農業を営んでいる。しかし、大雨が降った場合などは土砂崩れが起こることもあり、常に土砂崩れとの闘いであった。Tudan村の斜面には次頁の写真のように、石が敷かれている。また段々畑が多く見られる。石を敷いて斜面を段々畑にすることで、斜面の表層崩壊を防いでいるのである。これも先祖から代々引き継がれてきた農法である。

さらに、山のなかにまとまった竹林を見ることができる。まとまった竹林は居住地域に接した場所にある（次頁の丸で囲んだ区域が竹を植えた場所）。これも土砂が崩れた場合にその土砂が生活空間に影響を与えないような工夫である。

マレーシアサバ州の山岳地域では、大雨の時に土砂崩れが発生し大きな被害になることが多い。しかし、Tudan村ではこれまで大きな被害が発生する土砂崩れはあまり起きていないと住民は言う。それは、斜面のどこが農業に適し

石が敷き詰められている様子

段々畑

山の麓に竹林が確認できる

ているのか、土砂崩れが起きないようにするにはどうしたらいいのかを伝統的に理解し、実践しているからだと言う。脈々と続く伝統的な農業と地域の防災が継承されているのである。

伝統的な薬草

Tudan村には古来から言い継がれてきた薬草が村のあちこちにある。切り傷、下痢、貧血、咳、解熱、捻挫、痛風、降圧剤、眼感染症予防、歯痛、食中毒等々、いろいろな症状に効用のある植物が生息している。なかには、出産後の悪霊退治なんてものもある。処方の仕方は、ジュースにする、砕いてお湯と一緒に飲む、そのまま食べる、若い葉だけ食べる、根っこだけ食べる、塗る、といった具合である。薬草すべてにローカル名称があり、機能、処方の仕方は村人に代々継承されている。

Tudan村があるボルネオ島は生物多様性の宝庫と言われることが多い。まだ発見されていない多くの動物・植物がいると言われている。小さな昆虫や土壌に生息する目に見えない微生物など多くの未発見種があるとされ、なかには人間の生活を劇的に改善するような有用な医薬品につながるものもあるのでは、と言うひともいる。一攫千金ではないが、多くの可能性を秘めていると思われる。しかし、村に多くの薬草があるからといって、それらがすべて多大な利益を産むというのは大きな勘違いである。Tudan村のなかの薬草のなかには、すでに市販されているようなものもあるし、一攫千金を狙うような新種の発見は、科学的な証明に莫大な時間を要する。致死の病を治すような新薬品が発見される可能性は持ち続けたほうが夢があるかもしれないが、商業ベースの話よりも、小さな村には健康な日常生活を営んでいくための植物が長い年月を通じて伝統的なものとして継承されていることに敬意を表することが大切なことであると思う。

Tudan 村に伝わる多種多様な薬草（薬草にはそれぞれ名前がある）

幸福度・満足度調査の実施

Tudan村の土地や資源の利用実態などが少しずつ明らかになるにつれ、私はもっと村人の思いを知りたくなるようになった。村には目に見えない伝統や住民のさまざまな思いがあることがうっすらわかってきたとき、そのようなものを極力見える化して後世に継承していく支援を行うことも意味があるのではないかと思うようになった。村にある見えないものをすべて見える化することの是非は国際的にもいろいろと批判があることは承知していた。外部の人間の知りたいという欲望が村社会を崩壊することの危険性も承知していた。ただ、そのような話を承知の上で、村の将来の開発計画を「生きたもの」にするためには、そこに住民の思いや意思のようなものを吹き込むことの意味は否定されないと考えた。その旨、住民の方々に説明し了解を取り付けたうえで、村の住民の方々の生活満足度や主観的な幸福度の把握を行い、資源や土地利用の状況との関連性を明らかにする調査を行った。

調査は幸せの国と言われるブータンの事例や日本の事例を参考にした。少し細かいが、8分野＜環境（自然環境/住環境）、教育、産業、健康、文化、暮らし向き、コミュニティの活力、ガバナンス＞合計45の項目について満足・不満足の度合いを1～4点の範囲で回答してもらった。また、地域住民の行動・意識・生活満足度・幸福感・村への思いについても確認を行った。これら項目のうち、主観的な項目の集計データの解析と、幸福感の満足度「今幸せであるか（幸福である・幸福でない）」との間に有意な関係が認められるかを統計手法を用いて検証した。さらに、幸福感の満足度「今幸せであるか（幸福である・幸福でない）」が上記項目のうち主観的な項目によってどの程度説明可能かを定量的に分析するために統計処理を行い、有意性を検証した。これらの分析によって、有意性が認められた項目は将来の開発計画の作成に当たって貴重な情報となった。何よりも、村人が自分の村をどのように考えているのか、その思いや悩みといったものが明らかになった。

村の環境と住民の満足度

満足度が高い項目がいくつか確認できた。主なものを挙げると次のとおりである。

・身近な自然環境とのふれあいなど自然環境と調和した暮らし
・豊かな自然環境の保全
・水供給
・地域や学校の教育環境
・困った時にお互いに支えあう関係
・困った時に頼りになる仲間・友人の関係
・身の回りの環境問題を意識した生活行動
・自分の健康を意識した生活行動
・安全な食材の調達とそれを使った食事
・地域の伝統的な食材の調達とそれを使った食事
・自分の健康状態
・日常の食生活
・仕事と生活（娯楽）の調和・充実度

このように、Tudan村のひとの多くは村の綺麗な環境に満足し、その環境のなかで栽培されたものを食する生活や健康的な生活に満足している。また、何か困った際に村の住民同士が支え合う関係に満足をしていることがわかった。

逆に不満とする項目も確認できた。次のとおりである。

・日常的な生活物資の入手
・日常的な移動手段の確保
・畜産業の状況
・観光（エコツーリズム含む）の状況
・高齢者が利用できる福祉サービス
・村の災害時の対策
・村の集会・自治会などの活動
・日々の生活のなかでの孤独感

都市から離れた山奥の小さな村ゆえに、日常的な生活物資の確保や近郊の市町に移動する手段がないことなどを不満にあげている。

満足・不満足の調査結果で一点興味深いことは、村の住民同士の助け合い・支え合いに満足している住民がいる中で、孤独感を感じている住民もいることである。この二極化の構造については、村落住民同士の結束が強い一方、何らかの要因で「仲間になれない」住民がいるのではないかと推察された。また、村の集会や自治会の活動に不満を感じているという結果についても、住民間の日常的な交流に何らかの不満があり、意思疎通や合意形成という点で支障となるような事情があると思われた。すべての住民が満足する計画作りは基本的には困難で、不満の度合いの大小・軽重は当然ある。これら不満要因の背景事情を知ることが、今後の計画策定にとって極めて重要であることを認識した。これらについては後述することにしたい。

男女における満足・不満足における差

この調査で男女の満足・不満足における差が確認できた。概ね以下のような結果である。

- 全体的に女性は満足度が高い傾向。
- 自然環境・社会環境については、やや不満とする男性が多い（下水道、日常生活物資の入手、日常的な移動手段の確保、土地所有）。
- 経済産業については、林業以外の項目で男性の「やや不満」の割合が高い。
- 健康については、女性の過半数が「満足」なのに対し、「やや不満」とする男性が過半数である。
- 「外部との交流」を「やや不満」とする男性が多い。
- ガバナンス（透明性 / 説明責任、必要な情報の入手のしやすさ、行政（政府）と住民の意思疎通で過半数の男性が「やや不満」。
- 学習・教育活動を「やや不満」とする男性が多い。

すでに説明したコミュニティマップ作成の取り組みにおいても、男女間で資源や土地に対する関心は異なっているが、村全体のことや日常生活においても男女間で差が確認できた。Tudan 村の将来計画の作成に当たっては、この男女間の差を認識し、男女の役割を考えていくことが重要である。

村人の幸福感と誇り

Tudan 村のひとたちが何に幸福を感じているのか、自分たちが誇りに思っていることはどのようなものなのか、そんな村人の思いというものにとにかく興味を持った。村人と接しているとお金などでは測ることができないものを感じていた。調査のなかで幸福感や誇りについて自由に回答をしてもらった。その結果は次のとおりである。保全された環境のなかで、住民同士が仲良く信頼し合いながら安全・安心な生活を営んでいくことが幸せであり、誇りに思っている一面がわかった。

幸福感を判断する際に重要視する基準・事柄	お互いに開かれた社会
	娯楽とグループ活動の充実
	農業生産性
	家族の絆
	スポーツ・娯楽の充実
	コミュニティの絆・相互理解
自分が考える「幸せな地域」「幸せな暮らし」とは	コミュニティと一緒にいること（団結）
	家族・コミュニティとの相互理解
	涼しい気候、良好な気候
	滝といった新しいアトラクションがあること
	平和な地域であること
	インフラの充実
村について誇りに思うこと	農業、家畜
	涼しい気候、良好な気候、保全された環境
	平和
	ローカルフルーツ
	祭事（収穫祭、クリスマス）
	コミュニティの団結

村人の幸せを維持していくには？

一連の幸福度・満足度調査の結果から、村人が村の環境にどのように対峙しているのか、住民同士のなかなか目に見えない関係はどのようなものであるのか、といったことも垣間見ることができた。今後は、満足度の高い項目は今後より満足度を上げていくような取り組みが必要であり、また反対に不満足とする項目はその原因を明らかにして不満の度合いを下げていくような取り組みを行っていくことが必要である。この調査を大きく要約すると、今後も維持あるいは増強していく事項としては、環境の保全、伝統農業の実践、教育レベルの維持、住民間の信頼関係・結束の強化、住民間の相互扶助の強化、平和な生活の維持等が挙げられる。他方、今後検討あるいは改善が必要な事項としては、生活用品の調達方法、近隣の街へのアクセス方法、エコツーリズム導入、土砂崩れなどの災害対応、家畜、孤独感・孤立感の解消、政府とのコミュニケーションの促進、若者の就業、健康（男性）改善、違法狩猟（男性）の取り締まり等であった。これら事項は将来の開発計画のなかに明示的に反映し、具体的な策を実施することの必要性を確認した。

三次元モデルの作成

コミュニティマップによって、参加型で村落内の資源や土地利用の現状を住民自ら把握し、将来計画の基礎情報を整理することができた。また、住民の村や環境に対する思いや誇りといったものも明らかになってきた。こういった基礎的な情報や住民の気持ちを村人が共有し、みんなが学び合う機会を作ることができないだろうか？　また、そのような機会を通じて新たな発見がないだろうか？　そんなことを期待しながら、ベースライン調査の集大成に近いことを実施したかった。できれば、最後は「紙」以外のものを残すことができないか、できれば目に見えたものがいい、そんな思いから実施に至ったのが、P3DM（Participatory 3D modelling）と言われる三次元モデルの作成であった。日本を含め世界のいろいろな場所で行われているもので、住民が主体となって村落の地域資源の把握や、気づいてない資源の掘り起こしなどが期待できる。

P3DMは平面の地図作りと比較し、時間・手間がかかるデメリットがあるが、その反面いくつかのメリットがあると言われている。

- 三次元のため視覚に訴えやすくわかりやすい（できた成果物は展示に使うことができる）。
- 参加型の作成過程で、さまざまなコミュニケーションが生まれ、地域の良さが再発見・再認識され、参加したひとの環境や資源に対する保全・保護の意識が高まる。
- 地域の伝統・文化が掘り起こされ、ローカル知に根ざした社会デザインのあり方を考える機会・場となる。
- 自然や日常生活に対する思いを明らかにし、自然やひとを大切に思う住民の思いや意見がデータ化・可視化される。
- 意見や立場の異なるひと、価値観の異なるひと同士の相互理解が生まれ、合意形成が進む。

P3DMについて少し説明しておきたい。P3DMはGIS（Geographic information systems : 地理情報システム）の有用性を地域社会に導入する手法、また、地理情報技術と自然資源に依存し開発から遠く孤立している地域住民の能力のギャップを埋めるための手法として長く認識されてきたものである。三次元モデルは段ボールを数重に重ねて作られ、土地利用情報、標高などの空間的な情報をピン、糸、カラー塗料で表したものが多い（次頁写真）。

P3DMは地理空間的な情報を鳥瞰することができる故に、元々は都市を表すために作られ、軍事目的にも利用されていた。地理情報技術と違い、P3DMは識字率が高くなく、語学の障害が多いとされる地域には使いやすく、空間的な情報や知識を視覚化することができる。真っ白な紙（二次元）よりも、真っ白な三次元モデルを与えられた方が、地域の住民は簡単に空間的な知識を共有することができるといった事例が世界で多く確認されている。二次元のほうが空間的な結びつきを構築するための記憶を刺激するようである。記憶を呼び起こす触媒のようなものであり、そのような記憶を視覚化された知識として表現

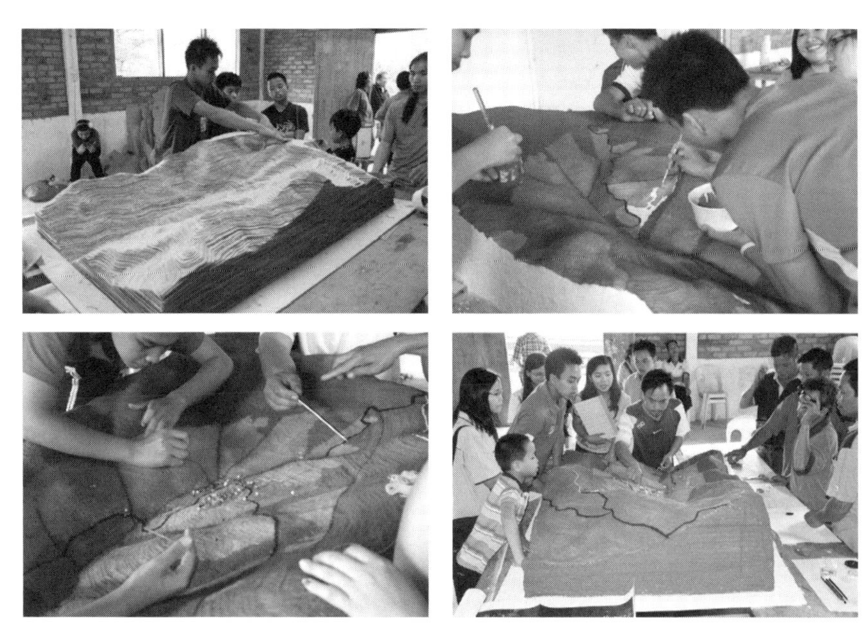

P3DM 活動の様子

Japan International Cooperation Agency（2015）, Community-Based Conservation Survey at Kg.Tudan, Sabah(Consultation Stage) , Sustainable Development on Biodiversity and Ecosystems Conservation, Sabah. から引用

できる。参加者は知っている、知らないということを自覚し、そのような自覚は、参加者の強い関心を引き起こし、もっと知りたい、学びたい、発見したいという欲望をもたらす。

三次元モデルは対象とする地域を鳥瞰することが可能なため、流域管理、火災予防管理、保護区管理、資源・土地利用管理に使用されることが多い。参加型の管理計画のモニタリングや評価、また研究活動にも使用され、関係者間の利害調整や軋轢の解消にも貢献してきた。

また、P3DM は参加者間の学びを促進し、参加者間の合意形成や参加主体を醸成するという特徴は長く認識されている。作業を通じ、地域の物理的な状況、生態環境、社会経済環境が可視化されることで、それらを再認識し、時には再発見する共同的な学習プロセスでもある。

個々の参加者の知覚を超えたものが集合的に再発見される学習は、社会の変化や革新を生むことにもつながると言われている。P3DMのプロセスは個人的なものだけではなく、共同的で集合的な学びの経験であり、参加者に年配者がいる場合は、年配者の持つ経験や知識が視覚化され共有される。その結果、伝統的な知識や暗黙知に近いものを若者が学ぶ機会にもなる。世代間の知識共有がされ、環境や社会に対し、世代を超えた啓発をもたらし、参加者は、対象とする地域の社会、文化、自然環境をより包括的に理解するようになり、共通の目標に向かって共同で働くことの重要さを悟るようになる。なによりも、P3DMによる学びは地域住民のエンパワーメントにもつながり、さまざまな記憶や遺産等が視覚化され、参加者が外部者に地域の地形や歴史を紹介することも期待できるのである。そのような外部との交流や自分の言葉で説明することは、身についた知識を再認識することにつながり、住民のコミュニケーション能力の向上に貢献する。地域内部、あるいは外部とのコミュニケーションを容易にするのである。地域の情報を外部に説明することは、政府や研究者等の外部との議論や交渉の透明性を高め、相互の学びや議論を促進する。P3DMは関係者間のコミュニケーションを促進し、関係者間の議論や交渉の基盤・土台を構築する。

三次元モデルの課題を挙げるとすると、その移動の問題がある。大きな展示物となることが多く、容易に移動できない。したがって、三次元モデル上のすべての情報はGISに保管され、共有可能なものとして管理されることが望ましい。

P3DM活動を通じてわかったこと

Tudan村の住民はコミュニティマップの作成を通じて、村の境界を知り、誰がどこに住んでいるのかは把握していた。しかし、土地や資源の利用に関して、空間的な情報や過去にあったことなどの情報は少し不足していた。また幸福度・満足度調査で明らかになった住民それぞれの思いといったものを村人間で共有する機会が必要であった。だからP3DMは老若男女問わず多くの村人に参加して欲しかった。また、特に注意したことは結果を焦らないことだった。

P3DM の活動はそのプロセスこそ重要である。作成のプロセスにおいて、老若男女がいろいろな意見や情報を交わす、ここに意味があるのであり、一定の時間を要する作業である。とにかく時間をかけていいので、村のひとたちが納得いくまで話し合うことを大事にした。

写真にあるように、できるだけ多くの住民に参加してもらい、段ボールで地形図を作成し、議論を行いながら、村落内のさまざまな資源の特定、資源や土地にまつわる昔話などを語らい、色塗りなどの作業を進めていった。P3DM の活動を通じて、さまざまな事象や変化が確認できた。たとえば、住民間、特に、年配者と若者のコミュニケーションが推進されたことである。小さな村とはいえ、年配者と若者の交流は実に少なく、若者の都市部への関心が大きくなるほど、交流の機会は年々少なくなり、年配者の記憶も含め、村落内にある有形無形の知識の喪失を懸念する年配者が多い。この P3DM を通じ、年配者から若者への知識の伝達・共有がされ、年配者は教えるあるいは伝える喜び、若者は学ぶあるいは新しい発見をする喜びを感じることができた。たとえば、若者は村の歴史をほとんど知らなかったが、年配者から学ぶことができた。病気でひとが埋葬された場所に足を踏み込んではいけない、隣の村の墓地には足を踏み入れてはいけない、土砂崩れを起こさない傾斜地農業の実践等である。また、村人にとって新しい発見もあった。大昔に農産物を運搬する際に使用されていた道路が村内にあること、村の外部の人間が村付近にある森林保護区内の木を伐採し自分の土地にしようとしていたこと等である。また、議論を通じて、豚が野菜栽培地を荒らすこと、村の気温が上昇し村から蜂が少なくなり養蜂が難しくなったこと、川の汚染が少し気になるなど環境に対する心配や懸念が村人内で共有された。特に、住民がいちばん気にしていたのは土地である。Tudan 村の土地は登記済のものとそうでないものが存在する。ここの詳細は後で触れることにするが、土地を持たない住民の多くは村の行政に不満を持つものも多い。外部の人間が村の境界線の土地の視察や調査に来ることがあるが、そのような場合、多くの住民は大きな不安を覚えるのである。だから、村の外部の人間が村付近にある森林保護区内の木に近づく事態があれば警戒するのである。

P3DM を通じて、さまざまなコミュニケーションと議論が行われた。何よりも、模型を皆で作成すること自体、非常に楽しい作業であり、住民の一体感と結束感が醸成され、また皆同じである、皆つながっている、という気持ちを共有できた。このことは孤独や孤立を避ける意味でも重要であった。さらに、村にあるさまざまな有形無形の知識が共有された。自然やひとに対する思い、懸念など、文書化することが難しいものも共有できた。P3DM の作業は、村人内の合意形成を促進することにも貢献した。

参加型で作成された三次元モデルは、将来構想を考える際の重要な基礎情報であり、また議論を行うための土台となった。この三次元モデルを踏まえ、村の将来構想が活発に議論され、後の開発計画の作成につながっていった。P3DM の活動を通じて、村人からは、農薬を極力使用しない農業が自分たちの生活の基盤であり、誇りでもあること、洪水・火災時などの緊急時の住民間の信頼関係や結束が重要であること、伝統的な農業を後世に伝えることが村の存続にもなること、などが共通の認識となった。

2
さまざまな実践活動

Tudan村の住民の方々の協力でベースライン調査は順調であった。最終的には将来の開発計画を作成することが必要である。情報収集や分析をして紙に整理するベースライン調査だけでは「飽きて」しまう住民もいるのではと心配であった。具体的なものを見せることが重要であり、何か新しいこと、楽しいことが必要であった。P3DMがそうであったように、みんなで集まった活動は楽しい。したがって、ベースライン調査に加え、住民の方の意見を聞きながら具体的な活動を行うことにした。

女性グループの立ち上げ

ベースライン調査を行っている時代は国際社会でジェンダーが声高に叫ばれていた。ジェンダーは女性だけの問題ではなく、男女の役割や特徴を認識し、平等な位置づけを行うことが肝要である。Tudan村でも常にジェンダーが頭から離れなかった。ベースライン調査のなかで村の女性は身近な環境に関心を持っていることがわかった。どうしても育児に追われる女性は居住地から遠くに行くことが難しく、住居の近辺で農業に従事していた。住居の近くで何か女性が主体的にできることはないだろうか。女性たちに相談してみた。女性の多くは村の環境に満足しており、村で採れた食材に誇りを持っている。健康志向も女性の方が高い。地元の新鮮な野菜を売ってみたい、その野菜で作った料理を食べてもらいたい、自然な流れで決まった。早速、女性グループを立ち上げた。

女性たちは地元の新鮮な野菜を使った料理を行う。料理には人工甘味料など

村の女性たち

は極力使用しないで、塩・コショウなどの簡単な味付けのものが多い。キッチンオイルも価格が高いこともあり極力使用しない。あるいは使用しても少量である。しかし、最近は近郊の都市と交流を持つ若者が、人工的な調味料を村に持ち込むことがあり、味付けが濃くなったり必ずしも健康によくない料理になっていることを嘆いている女性もいた。

女性のなかには、たくさんのひとが Tudan 村に来て Tudan 産の食材を使った料理を食べてほしいと思っている女性がいる。料理を通じて

採れたての野菜を水で洗う女性

地元の野菜を使った料理の数々。人工的な調味料は使用しない。料理名はないが、野菜を茹でたものが多い

村や自分たちを知ってもらいたいという希望である。地元の料理を使った地域おこしは、他を超越するような料理が求められたり、料理や食材を通じた物語が必要になってくる。新鮮な野菜を使った地元料理というだけでは、外部からの訪問客は期待できない。残念ではあるが、クロッカー山脈の麓の村で採れる野菜やそれを使った料理はどこの村でも大きな差はない。食材や料理だけでない Tudan 村ならではの個性が求められる。そうはいっても、Tudan 村の女性が自分たちの料理文化を他者に共有したいと思うようになったことは素直に嬉しかった。

少し余談であるが、ときどき村では豚１頭を丸焼きにして食する。この場合、焼く、切り分けるなどの作業は基本的に男性が行う。狩りに出て豚を射止めるのは男性だからだというのが理由らしい（次頁の写真）。

狩猟で射止めた豚を料理する村の男性

もう一人のローカルチャンピオンの誕生

村の女性の中心エミーさん

個人的にではあるが、女性が元気な地域はいいと思っている。地域全体が活気に溢れ、みんな笑顔になることが多い。もちろん例外はあるし、女性、女性と言うこと自体が時代に逆行していると批判されそうである。村によっては、宗教的な事情、地域固有の慣習的な事情等があり、ジェンダーと叫んでもなかなか難しい。それでも、今まで社会的な活動において目立たなかった女性が主体的に活動を行うと、地域のみんなが明るくなり元気になるように思う。Tudan 村では特にそう感じた。

そう感じる最大の要因が一人の女性にあることに気づくまでそう時間がかからなかった。エミーさんという 20 代後半の一人の女性である。彼女は子育てと家事に忙しくしていたごく普通の主婦であったが、私たち援助関係者との交流に関心を持っていた。とにかく知的好奇心旺盛であり、たとえば、エコツーリズムを Tudan 村で実施したい、そのためには外部者が宿泊できる環境を整備したい、外部者と交流するために英語を勉強したい、などである。すでに述べた村のリーダーのマリウス氏と双璧をなす若者代表であった。女性グループの総括の他、村の女性たちをまとめる役を買って出ていた。村の年配者からの信頼も厚かった。私たちの活動を通じて、若者から新しいローカルチャンピオンが誕生したことはたいへん嬉しかった。後日談になるが、エミーさんは私たちが活動を終えた頃に、マリウス氏の後任として村の政治的な役割を持つリーダーになった。郡といった行政機関との交渉なども一手に引き受け、村の自治・統治に奔走する日々を送っているようである。

農業生産性の向上に向けた取り組み――コンポストと竹炭作り

Tudan 村のひとたちが考えている課題の一つに農業生産性がある。米や果物など十分な量を栽培・収穫していると思われるのだが、急斜面の山々に囲まれた村であるため、限られた土地で農業を行うことから、少しでも生産性を上げたいということである。

伝統的に化学肥料を使用せず、人工的な手段で生産性を向上させることを受け入れない村人であるために何か策がないものか、研究者も含め検討を重ねてきた。ある日、何気に村内を散策していると、どうも野菜や果樹の生育がよろしくないことに気づいた。一部が枯れているのである。これはカリウム不足の現象としてよく確認される。

村には潤沢な水がある。山岳地故の曇りや雨の日もあるが、太陽光も普通にある。しかし、明らかに栄養不足である。そう土に何らかの問題があるのではないか。そう確認するまでさほど時間を要することはなかった。早

道路沿いのバナナ。カリウム（K）不足で葉が枯れている

竹炭作成の様子

速、コタキナバルにあるサバ大学に土壌分析を依頼した。その結果、予想どおりカリウムの不足と、その他リン、カルシウムも不足していることがわかった。これらの栄養素を補ってやれば生産性は向上すると思われた。ではどうやって不足している栄養素を補うか、次の課題であった。

栄養素を補充するには化学肥料を投入することが手っ取り早い。でもそれは住民は望んでいない。伝統的に許されないのだ。そうこう考えながら村内を歩くと一つの考えにたどり着いた。何か困った時には歩きながら考えるとよい。村にはたくさんの木や草がある。枯れたものも多い。また、村内には腐った果物がそこらじゅうに落ちている。また、村にひとが住んでいる以上、家からは生活ごみが発生する。いわゆる食品残渣といったキッチンゴミである。ゴミと書いたがこれらはゴミではない。貴重な資源である。日本だけではなく今では世界のあちこちで実践されているコンポスト作りを行うことにした。コンポストとは、枯れ葉や家庭からでた食品の残りなどの有機物を、微生物や菌の力で分解発酵させてできた堆肥のことである。地域の資源を有効利用する循環型社会の構築に向けた取り組みであった。

コンポストは村内の落ち葉、腐った果実、食品残渣を利用した。食品残渣は豚などの家畜に与えているようであったが、コンポスト作りのため分けてもらうことにした。また、コンポスト作りの他にもう一つ重要な活動を行った。それは竹炭の生成である。竹炭とは竹を人為的に炭化させたものである。竹炭は、多孔質なため水分を吸着する機能がある。また、カリウムやマグネシウムなどを含む他、水質浄化の機能もある。さらに、含水性の向上や微生物の棲息場所の提供を通じて土壌を改良する効果もある。日本では脱臭目的で竹炭を利用するひともいる。Tudan 村にはたくさんの竹がある。

コンポストや竹炭の効能を住民に説明した。作り方は口頭で説明するよりも実践を通じて学んでもらった。

でき上がったコンポストと竹炭を早速マルベリーの栽培に使用してもらった。正直少し驚いたが、効果はてき面であった。コンポストと竹炭を土に混ぜたほうが生育がよかった。

次頁の写真でわかるように小さな苗木の時点ですでに実がなっている。マルベリーは早く生育する。

コンポストや竹炭は地元にある資源を有効に使って作ることができる。竹を燃やすためのドラム缶の調達は必要であるが、大きな経費は発生しない。豚にお願いして食品残渣を分けてもらうこと、コンポストと竹炭作成には一定の時間を要すること、この程度のことを行えば、誰でも気軽にできることである。

マルベリーの成長（上）

左：コンポスト＋竹炭有
右：コンポスト無
写真でわかるように小さな苗木の時点ですでに実がなっている。マルベリーは早く生育する

化学薬品なども不要である。コンポストや竹炭の生成と利用に関しては、日本ではよく行われているかもしれないが、Tudan 村では初めての試みであった。成長速度といった具体的な成果が目に見えることで住民の意識も変わっていった。事実、村人のなかには自発的にコンポスト作りに励むひとも出てきた。

村の新商品開発に向けた取り組み——マルベリー栽培

Tudan 村の住民は地元にあるものをもっと活用したい、できればそこに付加価値をつけていきたいと願っていた。村人にとってごく当たり前の風景や物が外部の人間の目に触れたときに、新しい価値が生まれることがよくある。その一つが村にあるマルベリーである。やはり村を歩いているとマルベリーが多くあることに気づいた。

聞き取りを行うと、マリウス氏が 2006 年に近隣の市場で偶然苗を見つけ、個人の庭に植えたことがそもそもの始まりであったとのことである。イチゴ、リンゴなどのいろいろな果実を試験的に栽培してみたが、一定量の生産には至らなかったようであるが、なぜかマルベリーだけは着実に育ってきたということである。マルベリーは桑の実とも言われ、ポリフェノールを多く含むなどその栄養価の高さはよく知られており、また、実だけでなく葉をお茶にするなどの利用も可能である。

Tudan 村内のマルベリー

マルベリーの苗

栽培年	本数	収穫量
2006-2007 年	11 本	―
2008 年	10 本	―
2010 年	23 本	―
2011-2013 年	145 本	20kg 以上
2014 年	61 本	60kg 以上
2015 年（5 月まで）	68 本	60kg 以上
総本数	308 本	

マルベリーの栽培状況

月	1	2	3	4	5	6	7	8	9	10	11	12
肥　料	■						■					
草刈り	■				■				■			
刈り込み		■	■								■	■
結　実	░	░	░	░				░	░	░	░	░
収　穫	■	■	■	■						■	■	■

マルベリー栽培カレンダー

私たちは、マルベリーの潜在性に着目し、マルベリー生産を行うことで村人との協議と基礎的な調査を行うことを決めた。マルベリー（*Morus alba*、和名クワ）は中国原産とされるが、世界各地で栽培され、広く野生化しているものである。Tudan 村でのマルベリーの栽培状況を調べたところ、上表のとおりであった。現状、村内のマルベリーの多くは、マリウス氏の個人所有の庭にある。なお、同氏の庭で栽培されているマルベリーは、化学肥料、殺虫剤、除草剤を一切使用していない。

サバ州ではベリー系の果実の多くは輸入されている。しかもその価格は、サバ州で収穫可能なバナナやパパイヤと比較して高価であり、たとえば輸入品のイチゴは 1kg あたり 600 円以上もする。私たちは Tudan 村ではマルベリーの栽培ポテンシャルがあり、現金収入のための有望な果実であると考えた。村人もマルベリー栽培に関心を寄せ、パイロット活動としてマルベリーの栽培を正式に行うことが合意された。マルベリーの栽培はいたって簡単である。12インチ（約30.5センチメートル）の枝をポットに植えておくと、1か月もすると芽が出てくる。すでに紹介したように、土壌中の栄養分が少ないことを考慮し、コンポストを活用することで、より速い成長が確認された。マルベリーの苗は、マルベリー栽培に関心を持つ村人に配布された。

私たちは2014年から開始したマルベリー栽培について、年間を通じた状況を観察した。収穫量は、8年のマルベリーの木で、1回の収穫で4～7キログラム、若い一年の木の場合、1回の収穫で0.5～1キログラム程度である。2014年度実績は60キログラム、2,000マレーシアリンギット（約60,000円）の収入であった。村近郊の街で売るか、あるいは直接村に買いに来るひともいる。

年間を通じた標準的なマルベリーの栽培状況は前頁表のとおりであるが、毎年一定しているわけでなく、気候の状況で変動する。特に、2015年は例年になく乾季が長く、6月でもマルベリーの収穫が可能であった。

肥料は、すでに紹介のとおり化学肥料を使用せず、コンポストと竹炭を使用している。その他、村人はよく鶏糞を使用する。鶏糞は近隣の街から買ってくるが、村人にとっては価格も高いほか、鶏糞にもいろいろな有害物質（ダイオキシン等）が含まれていることも否定できないために、私たちはその使用は極力控え、コンポストと竹炭の使用を勧めていた。草刈りは、手で行うか、あるいはポータブルな草刈機を使用する。除草剤は一切使用しない。刈り込みはナタを使用し、収穫は手で行う。この手で行う収穫を体験したが、日本で行うイチゴ狩り、リンゴ狩りなどを彷彿とさせ、とにかく楽しいものであった。

マルベリーを使った新商品の開発

「マルベリー食品」「マルベリー料理」などのワードでインターネット検索す

サバ州農業局職員が料理を指導する様子

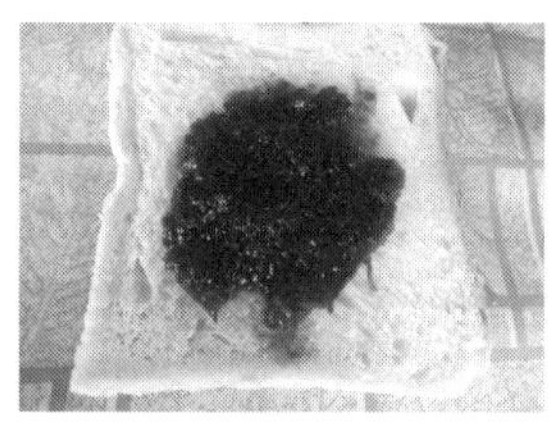

でき上がったマルベリージャム（左と中央）とマルベリージュース（右）

ると、マルベリーを使ったいろいろな料理やレシピの情報が入手できる。ジャムやお茶などが多く、ケーキなどのスイーツの情報も満載である。「健康にいい」というワードも多く確認できる。Tudan 村のマルベリーをどのように使い事業を展開していくか、住民や政府関係者とも協議を行った。全く新しいものよりも、村の住民に受け入れやすいものを優先的に検討してきた。その結果、ジャムとジュースを試行的に作ってみることになった。

サバ州の農業局の栄養管理部門と協力して、Tudan 村の住民、特に日常料理をする女性を主に対象とした「マルベリー料理教室」を開催した。台所の衛生状態の改善、使用する料理器具の洗浄など、基礎的な事項を学ぶ機会とした。エミーさんのように外部のひとを村によびたいと考えている場合に、調理の衛生は大きな課題であった。

約 1kgのマルベリーから約 6 リットルのジュースを作ることができた（ジャムの重量は不明）。保存期間は化学保存料を一切使用しないので、ジャムは冷蔵で１か月、ジュースは二日間程度である。ちなみに、無農薬マルベリージュースは健康食品として貴重なもので、日本では当時１リットルで１万円するという情報があり、このことを村人に伝えたところ、少しざわついたのを覚えている。新しい商品開発にあたっては当然経済性の観点が重要であるが、外部者の「お金」の情報の扱いは極めて機微なものであり、慎重な対応が求められる。

なお、サバ州農業局から入手したレシピを参考までに紹介する。糖分が多すぎるような気がする。

マルベリージャム

材料：

マルベリー	1,240g
グラニュー糖	1,380g
水	1,200ml

手順：

1．マルベリーをきれいに洗う。
2．洗ったマルベリーをミキサーにかける。
3．ポットにマルベリーを入れ、グラニュー糖を加える。中火で温め、底が焦げないようにかき混ぜる。
4．固まってきたら、少量を水に入れ、それが溶けないようならジャムができ上がった目安となる。
5．でき上がったジャムを容器に入れる。

マルベリージュース

材料：

マルベリー	100g
砂糖	100g
水（飲料水）	600ml

手順：

1．マルベリーをきれいに洗う。

2．洗ったマルベリーを２～３分間熱湯にくぐらせる。
3．砂糖、水を加え、ミキサーにかける。
4．漉したものを氷と一緒に容器に入れる。

また、ジャムやジュースの他に、マリウス氏を中心にマルベリーを使ったワインが試行的に生産されている。Tudan 村ではタピオカなどからアルコール飲料を作る文化が根付いており、この伝統技術を活用してマルベリーからワインを作ったものである。たいへん美味なワインである。その他、マルベリーの葉からお茶も試行的に作っている。これもまたたいへん美味である。

マルベリー商品の販売戦略と今後の課題

マルベリーは栽培が簡単であること、Tudan 村の住民の関心と意欲が高いことから、村の開発の重点活動の一つとして期待を持つことができた。しかし、市場のニーズを把握する必要はあるものの、商業ベースの軌道に乗せるためには、一定の生産量を維持することが必要である。マリウス氏一個人の主導で栽培されている状況であるが、苗を入手した住民は多いなどマルベリー栽培に関心を寄せる住民は多いため、村単位での安定した生産が可能となるような体制作りが必要である。また、一定規模の安定した栽培には土壌改善も引き続き必要である。濃い紫色のマルベリーは甘味があるが、村にあるマルベリーは全体として甘味に欠けるとの印象であった。これはおそらくカリウム不足と思われるため、コンポストによる改善が期待される。

また、コタキナバルではマルベリーのジャムが市販されている。生産工場の情報はあるが、産地がよくわからない。目にいい、喘息に利くといった記載があるが、ジャム自体もマルベリーの食感がなく、人工色たっぷりでよくわからない物質がたくさん含まれているような商品である。このような商品との比較優位についても考慮する必要がありそうである。日本への輸出も一時期検討した。マルベリーの実そのものを海外に持ち出すことは、持ち出し時と持ち込み時の手続きが煩雑で時間と手間を要することから、ジャム等の加工品として輸

左：伝統的なタピオカワイン　右：マルベリーワイン（6 か月保存）

市販のマルベリージャム

左：Tudan マルベリージャム
右：市販マルベリージャム

市販のマルベリーは健康にいいというのを売りにしている。マルベリージュースから作ったとあり、健康食品（目にいい、喘息にいいなど）と書いてある。ポルフェノールの記載はない

出することが望ましいと考えた。輸出手続きの煩雑さ等を考えると、コタキナバル市内にあるレストランとの連携は十分にあり得ると思われた。現地の状況にあうもので、かつ、Tudan村という地域の顔、色、匂いが伝わる魅力的な商品開発が今後の課題である。

次に、市場への売り出し戦略が課題であった。コタキナバルではマルベリーを知っているひとは意外と少ない。多少冗談ではあるが、マルベリーときいてイギリスの高級ブランドメーカーを想像するひともいるくらいである。マルベリーについての関心が低いということは、逆にチャンスでもあり、認知度を高めるような戦略が必要である。Tuda村ならではの付加価値をつけることも重要である。無農薬マルベリー、ユネスコブランド、ドゥスン族の伝統産品、といったテーマでの販売戦略が考えられる。国内外の民間企業やNGOとの連携、またたとえば、コタキナバル市内のレストランから発生する生ごみ（食品残渣）をコンポストの原料として活用し、そのコンポストを使ってマルベリーをレストランで販売するなど、夢のあるような話もあった。

またマルベリー栽培は地域の防災に大きく貢献する可能性が見出された。マルベリーを傾斜地で栽培することで土砂崩れを防止するというものである。Tudan村では土砂防止に竹を植えてきた歴史があるが、今後はマルベリーを食品としての価値に加え、土砂防止を目的に傾斜地に植えることについて住民間で議論が開始された。

今後、いろいろな検討が必要ではあるが、マルベリーがTudan村の新しいアイコンとなり、環境保全と地域開発のための主要ななりわいとなるかもしれない。ただし、新しい技術や情報を外部者が導入する際には、村落社会の状況や地域住民の意思に留意することが肝要である。マルベリー販売という新しいものが、村落社会にある伝統や住民間の絆や信頼関係等を損なうことのないような配慮が必要である。私としては、活動を側面支援するファシリテーター役を徹底し、村の環境、村に代々根付く伝統、村人の関心等を考慮し、村の主体性を尊重した助言や技術支援に注力した。その結果として、村の住民が環境に優しく、新しい生計向上策としての可能性を有するマルベリー栽培に誇りを持ち、その誇りが村内の団結や絆につながり、村落社会が健全に発展することを期待していた。このような取り組みが Tudan 村で一定の成果をあげ、モデル性が確立すれば、他の地域にとっても参考となる。日本を含む多くのひとが Tudan 村産のマルベリー食品を口にし、この村のことを知り、ひとと自然の共生社会に思いを馳せるような時が来ることを願っている。

Tudan 村の住民で考案したラベル

中央にある波型の文字は、「このジャムが新鮮な果実から作られた」ことを表示している。また、右の枠内には、「Tudan 村のマルベリーはビタミン豊富で、品質を重視した採集・加工によって有機栽培されている」ことが説明されている。

Made-in-Tudan mulberry juice and jam

Above: A mulberry plant. Note Suzuki at background.
Right: A mist-shrouded Kg Tudan.

Kan Yaw Chong

MULBERRIES created the famous Silk Road of China because silk worms use mulberry leaves as their sole food.

Now, mulberry juice and jam may poise to give Sabah a turn to make a reputation of its own, however little.

So here we are.

Upfront, this special report is about how simple and easy it is to make mulberry juice and jam, to help improve livelihood of a typically poor hamlet in Sabah.

A globally profound concept

But the globally profound concept behind it is how to kill two birds with one stone – achieving both sustainable development on the hand as well as bioiversity and ecosystem conservation all at the same time, making sure that scarce and precious natural resources are not squandered in the name of thoughtless development.

So, this is the interesting event which the *Daily Express* witnessed in Kg Tudan – a remote hill-locked hamlet located within the Crocker Range buffer zone in the Tuaran hinterland, last Tuesday (January 27).

The event is actually historic – a formal demo on mulberry juice and jam making to impart a useful skill to the poor folks.

Famous for phyto-nutrients

Kg Tudan has as few as just about 300 mulberry trees, the fruits of which is famous for their health promoting phyto-nutrient compounds – namely polyphenol pigment antioxidants, rich in minerals like potassium, manganese, magnesium. These are important components of cell and body fluids that help to control heart rate and blood pressure, excellent source of vitamin C, rich also in B-complex group of vitamins, vitamin K, contains very good amount of v B-6, niacin, riboflavin and folic acid – so say nutrition experts.

Using a scarce resource

But what little mulberry resource it has caught the attention of Jica-SDBEC (Japan International Co-operation Agency – Sustainable Development on Biodiversity and Ecosystem Conservation in Sabah) – a collaborative project between Jica and Sabah Government agencies.

Juice and jam made simple

Tina Lugu, Normah Kanda and Saliman Manang from Food Division of the Ministry of Agriculture and Food Industry made the whole process look like just another routine kitchen chore for the average housewife.

All it took were a few kilos of freshly harvested organic mulberry fruits and a high-speed blender on table.

The fruits were pulverised quickly with ready-to-serve juice and jam making took a couple of hours to boil the pulp down to a jelly-like state.

Credible finish

Packed and bottled, it gave the finished products a touch of professional look.

But since the juice is preservative-free, it would last no more than two days, according to Herbert Lim of the Tenom Agriculture Station.

But the equally preservative-free mulberry jam can last a month, if kept in a refrigerator, Lim added.

The verdict on the juice?

Nice, tasty juice.

Jam tastes better than imports

Mulberry jam on home-baked toasted bread made by my wife Madonna?

Well, it's better than almost any imported brand – my honest opinion.

So it's a sign for potential towards a new concept of development embedded in core intent and objective of the Jica-SDBEC.

Establishing an exemplary model of development

The idea is to establish a participatory multi-dimensional model of development that integrates traditional local spatial and natural resource knowledge on land cover, land use and other features of this village hemmed in by precarious steep hills and towering mountain ranges from all sides and find a way optimise both development and conservation simultaneously.

The ultimate aim is to make a success out of combining traditional knowledge and modern technology to achieve development without decimating the stock of ecosystems that produce their safe, nutritious and chemical-free food, clean water, clean air etc.

3-D model resource map at folks' finger tips

An interesting ongoing process in Tudan is the use of a participatory 3-D modelling – a community based mapping method that depicts existing land use, cover and other features by the use of push pins (points) and yarns (lines), paints etc – a three-dimensional map constructed by the villagers under the supervision of Jica staff James Wong.

So, very soon, this community will know at the fingertips where their natural resources, ecosystems are located exactly, to guide them on where they can develop and conserve to their optimum potentials.

This is the hidden but exciting work that is going on at Kg Tudan.

First step of a thousand miles has started

Kazunobu Suzuki, Jica-SDBEC Chief Advisor, said market and scale are considerations that need answers to make things sustainable.

But the journey of a thousand miles starts with the first step.

That first step has been taken.

Opening eyes and minds

The instructive project is meant to open the eyes and minds of Sabahans on the serious need for Sabah to put its development house in order! The only way for Sabah or any part of Sabah to improve a failed relationship with the environment is to summon the whole body of traditional and modern scientific knowledge into attainable a sustainable relationship.

On the Japanese side, Jica's hope is that the success of Tudan will form the basis for future plans for local development that co-exist with nature.

This process that takes development a step towards a different direction, is being built up.

Besides mulberry, the project has also put in place about 200 hives of honey bees both of which can become new sources of livelihood, besides its well known chemical-free organic vegetables.

Tudan mulberry jam on toasted home-made bread tried out in Kota Kinabalu – better than imported jam! Which goes down perfectly well with a cup of brewed Tenom black coffee (at background).

Another pride of Kg Tudan – bottled mulberry jam.

'Minumlah' Tudan mulberry juice! Jica Chief Advisor Kazunobu Suzuki enjoying a cup of fresh mulberry juice.

Kilos of freshly harvested mulberries ready for juice and jam.

Sieving for mulberry juice.

Mulberry juice-making

Ingredients

Ripe mulberry fruits	100g
Sugar	100g
Water (boiled or mineral water)	600ml

Method
1. Clean and wash mulberry fruits
2. Immerse fruits in hot water for 2-3 minutes
3. Put fruits, water and sugar into a blender and pulverise into fine pulp
4. Filter already pulverised pulp with a sieve and collect juice in a jug
5. Serve mulberry juice

Mulberry jam-making

Ingredients

Ripe mulberry fruits	1,240g
Coarse sugar	1,380g
Water	1,200ml

Method
1. Wash and clean fruits
2. Put fruits into a blender and pulverise till fine pulp
3. Put pulverised mulberry pulp and sugar into a pot and cook it under moderate fire. Keep stirring the mixture to prevent it from becoming crusted.
4. When you see the mixture has thickened, scoop a table-spoon full of it and drop it into glass of cold water. If the boiled mixture does not disintegrate in the cold water,it means the jam is ready
5. Bottle the jam

マルベリー支援は地元新聞に大々的に取り上げられた。2015 年 2 月 1 日（Daily Express）

洪水は起こるべくして起きた

山岳地帯では大雨になるとよく土砂崩れが発生する。2014年6月8日にはTudan村で大雨が降り、村中が大洪水で水浸しになり、傾斜地の表層は崩壊し土砂崩れとなった。この影響で3家族の農地が被害を受けた。村人の試算で10,000リンギット（約30万円）の被害とのこと。幸いにも3家族の被害で済んだのは、傾斜地には竹を植えたり、石を敷いたりと、表層の土が崩壊しないようにしていたからである。しかし、それでも大きな被害になってしまった。

この被害には背景というか原因がある。村人によれば、昔は大雨が降ってもこのような土砂崩れは生じなかったらしい。今の道路や排水路の設計がおかしく、あたかも土砂崩れが起こるように設計したかのようであるとのこと。大雨で洪水が起きたのは、政府が住民に相談をしないで設計・構築した排水溝に原因があり、設計の段階で住民を関与させてくれていたら絶対にこのようなことは起こらなかったと思う、という村人の声である。

たとえば、サバ州には次頁の写真のような場所が結構な数ある。政府は、現地予備調査を丁

Tudan村の被害の様子（Tudan村提供）

急傾斜の場所に道路がある

寧に行うことなく道路設計を行い、工事を行ってしまうことがあるらしい。地元の住民は土壌の質や周辺の地形をよく知っている。住民に事前に相談すれば絶対にこんな場所に道路を作ったりしないらしい。あたかも、「土砂崩れが起きやすい場所」を選んで作ったようである。それで大きな被害が出てしまうのだから何とも残念なことである。

政府と住民の初めてのコミュニケーション

満足度調査で明らかになったことの一つに、村の過半数の男性が行政（政府）との意思疎通に不満を抱いていたことがあった。政府の決め事をそのまま現場に強制するものである。現場に足を運んだこともない政府職員の言うことが現地の実情に合うはずがない。住民は文句の一つでも言いたいものだが、如何せんアクセスの事情で会うこともできない。

マルキッサ

サバ州の村落で農業を営んでいるひとは政府に対して不信感を持っているひとが少なくない。これは「○○をしてはいけない」という規制や、「△△をしろ」という強制が多く、一方的な指示のようなもので、村人に寄り添って相談や助言を行うということがあまりないらしい。規制の例は25度以上の斜面での農業を禁止していることである。土砂崩れを懸念した上での規制であるが、一律25度という決まりであり、状況に応じた柔軟な農業の実践にはオーケーを出さない。強制の事例では、Tudan村では、その昔政府命令でマルキッサ（パッションフルーツ）を栽培するように言われた事例がある。政府がキロあたり9リンギット（約270円）で買い取るという約束であったが、市場が成熟していなかったのか、結局買取をしてくれなかったため、住民は不満たらたらであり、政府への不信感は大きくなった。今では、Tudan村では自家消費用に栽培されている。マルキッサはビタミンが豊富と言われている。

60年前には、タバコの栽培も指示があったようだ。当時は市場へのアクセスが良くなかったので、タバコのような軽い農産物が好まれたようである。しかし、栽培が難しいこともあり、現在は栽培されていない。

私は政府と住民のコミュニケーションはもちろん重要と考えていたし、今まで密なコミュニーケーションがなかったことに少し驚いたが、それ以上に、Tudan 村の素晴らしい環境や伝統的な農業文化や村人の魅力を州政府職員が知らないことを残念に思った。そこで、村人と行政の対立は避けたい、双方がわかりあえるような機会を作れないか、村人に相談した。村人からは素直な見解が出た。州政府の方針を知りたい、技術・資金支援などを期待したい、などであった。

そこでサバ州農業局と Tudan 村の農家のコミュニケーションを向上する目的で、サバ州でよく実施されている参加型研修の一つである PRA（Participatory Rural Appraisal）研修を企画・実施支援した。

まずは、Tudan 村での農業の実践の様子をサバ州農業局の職員に視察してもらい、課題などを素直に意見交換するように設定した。参加者は Tudan 村を管轄する郡の農業普及員、Tudan 村の住民総勢約 30 名程度であった。この意見交換会ではいろいろな意見が交わされた。普及員は、Tudan 村の住民の回答能力にまずは驚き、村の伝統的な農業が土地と水を上手に利用した自然と調和したたいへん素晴らしい農業であることを今まで知らなかった。普及員は住民の伝統的な農業に好印象を持っている。予想よりも、複雑でシステマチックな伝統的な農業を知る機会となり、この伝統的な農業に最新の農業技術を組み合わせればよりよいと考えるようになった。今回の研修を機に、普及員は自分たちの技術や知識を住民にもっと伝えたいとの意向が確認されたほどであった。実際には農業局内の通常業務の多忙さや資金不足で実現は簡単ではないのだが、普及員が住民とコミュニケーションを図りたいと思うようになったことは大きな意味があった。一方の Tudan 村の住民は、政府（農業局普及員）と直接対話する機会はとても貴重であり、これまでは、普及員は一方的に政府の方針を伝えるだけであったが、今回は双方向のコミュニケーションがとれたことを嬉しく思っていた。さらに、普及員に自分たちの農業の様子を伝えることができたことに満足していた。この研修の最後には、当初予定していなかったアクションプランまで作成された。内容は、安定的な野菜供給、コンポスト、農産物認証などであった。

今回の意見交換・研修でいろいろな新しい発見もあった。まず斜面農業が挙げられる。Tudan村の住民は限られた土地を有効活用するために、急斜面でも土砂崩れを防止しながら上手に農業を行っている。しかし、前述したようにサバ州政府は25度以上の斜面での農業を禁止している。これは土砂崩れの発生を警戒しているからである。しかし、農業普及員はTudan村の斜面農業に大きな問題を感じなかった。上手に斜面を利用しているからである。

また、宗教上若干機微に触れることも話題にあがった。Tudan村にいる豚のことである。アクションプランに取り上げられた農産物の認証であるが、普及員は認証を取得する上で豚を懸念している。宗教上のことは表立った理由にしていないが、豚が特定の場所に集まることから環境悪化を懸念しているので

Tudan村の畜産は鳥と豚

Japan International Cooperation Agency（2014）, Community-Based Conservation Survey at Kg.Tudan, Sabah (Preparation Stage), Sustainable Development on Biodiversity and Ecosystems Conservation, Sabah. から引用

ある。豚の管理を徹底して行うべしとの見解である。村にはごくわずかしかイスラム教徒はいないが、普及員のなかにはイスラム系のひとがいるからである。むしろイスラム系のほうが多いと思う。イスラム系のひとはTudan村の豚はケージで囲んだほうがいいと言っている。それはイスラム系のひとが今後もっと気楽に村を訪問できるからである。また村人のなかには農地を荒らされるので豚をケージで囲んだ方がいいと思っているひともいる。また、豚の糞そのものの問題もあるが、糞の近くで栽培された野菜は、ハラルの観点からは、将来イスラム系を対象とした市場戦略において不利となるとの言及もあった。実際は環境への悪化はないと思われたが、非常に難しい問題であった。

今回政府（農業局普及員）と農家のひとが合同で研修を受けるのは初めてのことだった。今まではトップダウンで農業を支援していた。たとえば、普及員は本局からポスターやチラシなどをもらい、農家に行って説明するように言われる。そして、それらを渡し簡単な説明を一方的に行って帰ってくる、という具合だ。しかし、今回は双方の理解が深まった初めての研修に私は大きな手ごたえを感じた。私の浅い知識であるが、サバ州は他国・他地域と比較して「先進的」と言われることが多い。これは誤解を恐れずに言えば、自然資源（特に森林や野生動物）を保護する保護区行政という文脈で言われてきたように思う。現地の新聞報道でクロッカー山脈地域の川が汚染されているとの記事がときどき目にとまる。科学的な根拠の記載がないと憤慨する関係者も実際にはいる。クロッカー山脈公園を管理するサバ州公園局の局長と話をすると、「汚染されているのは公園保護区の外であって、保護区内の川・水は汚染されていない。公園外ではオイルパームや農業の影響で汚染されているのだろう」とのこと。少し話は逸れたが、保護区の外側の持続的な開発、自然保全といったものに課題があるのは事実であろう。この点で日本の事例は多いに参考になる。たとえば同じエコパークに宮崎県の綾町がある。開発途上国の関係者がよく訪問する場所である。サバ州の関係者も訪問している。行政と住民が一体となった地域開発の実践はとても参考になる。Tudan村はモデルサイトでもある。いろいろな事例・教訓を引き出し、他地域への普及・展開が求められている。そのためには農業普及員との共同作業が不可欠である。

私の仕事の一つには、日本の良い事例を紹介すること、中央（サバ政府）と地方のつながりを作ることがある。つながりはまずはコミュニケーションから。今回のPRA研修はこの点でよかった。サバ州政府関係者と住民のコミュニケーションをとにかく意識するようにした。

養蜂活動支援

政府とのコミュニケーションのもう一つの事例が養蜂活動である。Tudan村は周辺を保護区に囲まれているために蜂の生息には有利な状況が整っている。農業も基本的には化学肥料や除草剤等を使用しないものであり、またTudan村は森林保護区とクロッカー山脈公園に隣接しており、養蜂のサイトはこの保護区から近いため、環境の汚染・破壊がない場所である。

Tudan村では先祖代々養蜂が盛んに行われてきたが、1997年～98年のエルニーニョで大打撃を受けた。このエルニーニョによって村の環境が変化し、蜂の数が激減、一時期、養蜂活動は休止の状況が続いた。しかし、保護区に隣接する綺麗な環境のTudan村には、次第に蜂が戻ってくるようになった。サバ州では川の岸は保護することが求められている。Tudan村の住民はこの綺麗な川岸に巣箱を設置し、養蜂を復活させたい気持ちを持っていた。養蜂は住民の生計向上にも貢献するかもしれない。村の伝統的な生活実践を保持・発展させるための協力が開始された。

Tudan村に多く生息する蜂は*Apis cerana*という固有種で、日本ミツバチとも近い種である。その次に多いのが*Trigona spp*である。その他、*Apis koschevnikovi*が少量確認されている。

Tudan村には蜜源植物がいくつかあるが、特定の蜜源植物があるわけではなく、環境保全（美化）の観点から多くの植物を植えている状況である。サバ州の農業局テノン農業研究所の専門家によると、Tudan村の蜂の数は少ないとのこと。気候変動の影響については不明であったが、蜜源植物を増やせば蜂の数も増加し、結果的に蜂蜜の生産量も増えるということである。

村落内の活動にかかわる意思決定はすべて村内で行うような体制が重要であ

***Apis cerana*（サバ州政府提供）**

Trigona spp

Tudan 村の蜜源植物

ることから、ローカルガバナンスの必要性を助言し、住民の発意で養蜂グループが形成された。1名のリーダーの基に、計15名（2015年4月現在。当初は12名）のメンバーで構成される。養蜂に関する活動はすべてこのグループで議論され決定されることになった。

養蜂活動支援は巣箱の供与から始まった。2014年12月に巣箱（379個）を供与した。原料となる木材のみ供与し、組立と設置は住民自ら実施した。サバ州では、他の地域（たとえばキナバル山付近）も含め、*Apis cerana* の巣箱にいいのは伝統的に tree-fern（木性シダ）（*Cyathea contaminans* / キアテア・コンタミナンス）と言われている。しかし、近年サバ州ではその生息が減少しており、巣箱の原材料としての調達が難しく、竹等で代替している状況である。

伝統的に *Apis cerana* の巣箱の原料にいいとされる *Cyathea contaminans*
最近ではこの原木を調達するのが難しくなっている。原因は不明である

私たちが調達した巣箱の原料は、住民とよく相談し、昔から好んで使用してきた soft wood/soft timber とした。また、サバ州農業局テノン農業研究所からも巣箱が供与された。この巣箱は蜂（*Apis cerana*）の生態に基づいてデザインされた巣箱で広くサバ州で使用されている。ベニヤ板で作られている。

巣箱を供与した後、状況を見守ることにした。その後しばらくして村内の蜂の状況が明らかになった。Tudan村に生息する蜂は *Apis cerana* が圧倒的に多かった。また、竹で作られた巣箱には *Apis cerana* の生息はなぜか確認されず *Trigona spp* のコロニーのみ確認された。蜂も巣箱の材料を選んでいるように思う。

左：供与された材料で作った巣箱　右：サバ州農業局から供与された巣箱

サバ州では *Trigona spp* の蜂蜜は *Apis cerana* の蜂蜜より価格が高い（*Trigona spp* は400リンギット/キログラム（約12,000円/キログラム）、*Apis cerana* は60リンギット/キログラム（約1,800円/キログラム）である）。*Trigona spp* を好む住民が多いと予想したのだが、実際には、村人の多くは *Apis cerana* を好む。この理由は、*Trigona spp* は蜂蜜の抽出が難しい、蜂蜜生産まで *Apis cerana* は3～4か月かかるところ、*Trigona spp* は6か月も要する、*Trigona spp* の生産量は圧倒的に少ない、ことが挙げられた。

巣箱内のハニーコム（蜂の巣）の数と年間の採蜜の数等から、年間の蜂蜜量と潜在価格を計算してみた。*Apis cerana* が年間321.75キログラムで19,305リンギット相当（約58万円）、*Trigona spp* が年間23.4キログラムで9,360リンギット相当（約28万円）であった。蜂蜜は自家消費用であるが、Tudan村の住民にとってみれば非常に大きな現金収入となる可能性を秘めていることがわかった。

養蜂研修の実施

政府とのコミュニケーションの始まりである。伝統的な知識と技術をベースに、さらなる知識の獲得と技術の向上を目指したいという村人の要請に応える形で、サバ州農業局テノン農業研究所による養蜂研修を企画、実施した。日本から専門家を招へいするよりも、サバ独自の養蜂技術の指導という点ではサバ州内のリソースを活用することがより効果的であった。研修は三度実施した。

村人はテノン農業研究所から多くのことを学ぶことができた。蜂のコロニーやハニーコムの取り扱い、巣箱と巣箱の距離といったことから、蜂蜜の色の違いといったことも学んだ。ちなみに、蜂蜜の色は、蜂の年齢、蜂の種類、蜜源植物の開花時期等によって異なり、濃い色の蜂蜜ほど栄養がたくさんあると言われている。また、巣箱を開ける際に Tudan 村の住民はこれまで噴霧器を使用していなかった。今回の研修で安全面で噴霧器の使用が望ましいことを学んだ。噴霧器の中味はココナッツの葉を燻したものがよく、これは蜂の攻撃を抑える物資が含まれるという科学的な説明もサバ州からされた。さらに、Tudan 村の住民は巣箱を開けた後、水を撒いていた。これは伝統的なものであるが、テノン農業研究所から、水を撒くと、若い蜂の幼虫が死に、幼虫が死ぬと臭い匂いを発し、以降蜂が生息できなくなることから避けるべきとの助言がされた。その他、女王蜂の見つけ方、蟻や蜘蛛などから蜂を守る方法などをサバ州政府から学んだ。

一方、サバ州政府も Tudan 村のひとから多くのことを学ぶことができた。化学肥料や除草剤の使用を控え、環境保全を実践しながら養蜂活動を行っている Tudan 村の状況にたいへん感心をしていた。また、年配者が若者に養蜂を教え伝統を継承していく様はサバ州政府の職員にもしっかりと焼き付けられた。サバ州政府としては、最新の知見や技術を教えた以上に、住民から伝統的な養蜂の知識や技術を学ぶことができた。

今回の研修は座学よりもフィールドでの実地研修に重点を置いていたこともあり、研修に参加した住民は満足していた。この研修を通じて、伝統的な養蜂の知識と技術と、今回農業局テノン農業研究所から学んだ技術を融合・統合していきたいとする住民の意思が確認された。政府と村人双方の学びの機会となる有意義な研修であった。

養蜂研修の様子

蜂蜜分析

蜂蜜を新しいTudan産の食品として売りたい。そう願う村人が多いなか、そもそもTudan村の蜂蜜は「どの程度のものなのか？」がわからなかった。つまり、蜂蜜としての質の問題である。いくら村人が“おいしい”と声高にいっても、蜂蜜としての品質保証は越えなければいけない壁である。そこで蜂蜜の化学的な分析を行った。

蜂蜜分析は、すでに市販されている他地域産の蜂蜜との比較もしたかったので、4地域の蜂蜜を分析した。分析は信用できる機関として実績のあるマレーシア農業研究開発所に依頼した。

蜂蜜は以下のサイトから採集した。

A:　Malanggang村（Tuaran郡）クロッカー山脈生物保存地域の移行地域

B:　Sungoi村（Tuaran郡）クロッカー山脈生物保存地域の緩衝地域

C:　Gunung Alab（Tambunan郡）公園局事務所　クロッカー山脈生物保存地域の核心地域

D:　Ulu Senagang村、Mongool Baru村（Tenom郡/Keningau郡）クロッカー山脈生物保存地域核心地域

E:　Tudan村（Tuaran郡）クロッカー山脈生物保存地域の緩衝地域

分析項目は国際的な標準項目や既存の蜂蜜の成分表示を参考にした。また、既存の研究成果なども参考にした。蜂蜜は国際的な規格CODEX Standard for Honeyというものがあり、特に、糖成分や水分などこの規格に

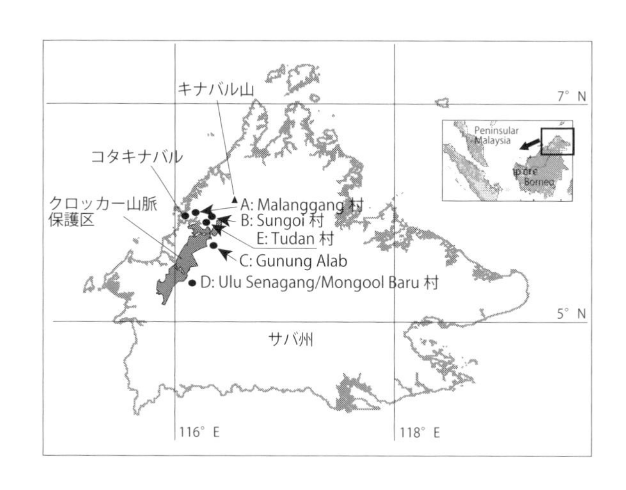

あったものかどうかはとても重要であった。さらに、マレーシア食品法（Food Act）も考慮に入れた。同法では、蜂蜜内の金属の混入、特にヒ素、鉛、水銀、カドミウム、アンチモンについて厳しい規制があった。また、比較として市販の蜂蜜の成分表示（カロリー、脂肪、たんぱく質、炭水化物、ビタミン）も参考にした。

余談であるが、日本では蜂蜜に関する非常に厳しい規定や決まりがあることを知った。安全安心な食品の管理の厳しい実態を理解することができた。

分析結果の評価

実は今回の分析は初めてではなかった。地元の研究所にまずは簡易な方法で市販の蜂蜜の成分表示にあるような簡単な項目のみ分析を依頼したことがあった。Tudan 村の蜂蜜の大まかな特性を知っておきたかったからだ。結果はたいへん驚くものであった。鉛や鉄といった金属の値が異常な数字を示していた。最初は何かの計算間違いかと思い、何度も数字の単位を確認したが、検査数字は間違いではなかった。この数字を見せられ、私の頭は真っ白になり、「Tudan 村の蜂蜜は金属が多く有害で食用には適さない」のではないか、ずっと頭から離れず悩んでいた。どうしても原因を追究したかったので、住民に聞き取りを行った。通常、蜜源植物からの金属の吸収など考えづらい。では、この金属の異常な数字は何であるのか？　原因が判明するまでには意外と時間はかからなかった。今回の簡易検査は、住民に蜂蜜を採取してもらい、瓶に入れてもらった。それを分析したのだが、蜜を採取する際に金属製のナイフのようなものを使用したらしく、どうもそれに付着していた重金属の残留物が検査に反映されたようであった。何ともお粗末な顛末であったが、ここにも重要なポイントがあった。蜂蜜を後世に残すには、その扱いも慎重かつ徹底しないといけないことである。食品を扱う際には当然のことである。この「事件」以降、採蜜時に使用する器具や蜜を収納する容器について最新の注意が払われることになった。

本格的な分析の結果が出た。Tudan 村の蜂蜜は他の地域の蜂蜜と比較して、多少の成分量の違いはあったものの、国際規格 CODEX Standard for Honey に照らし妥当なものであった。カリウムが豊富に含まれていること、糖分の主なものは果糖と麦芽糖であること、受粉時の花粉由来のフェニルアラニン酸が多少含まれていること、PH、水分等の基本的な要素の数値は蜂蜜として妥当なものであること、等がわかった。また、サバ食品法が規定する金属についても問題がなかった。このことから、Tudan 産の蜂蜜は「正当な蜂蜜」と判断をした。

蜂蜜の奥深さ——蜂蜜のブランド化

化学的な分析の結果、Tudan 産の蜂蜜は正当な蜂蜜と判断したが、これはある意味「普通の蜂蜜」であるという結果であった。いくつかの地域の蜂蜜との比較もしたが、有意な結果はなかった。何とかして、Tudan 産の蜂蜜の特徴を見出せないか、他地域の蜂蜜との比較優位があれば、それを武器に村おこしできないか、もう少しこだわってみたかった。

残念ながら私は蜂蜜に詳しくなかった。すっかり Tudan 村の養蜂の虜になってしまった私は日本にいる蜂蜜に詳しいひとにいろいろと相談をした。研究者の方や食品会社の方などであった。そこで大きな間違いに気づいた。間違いであったが、大きな気づきでもあった。

私は地域差を確認したく複数の場所の蜂蜜の成分を分析したが、数値に多少の差はあれ、国際規格やマレーシア国内法に照らしてみれば、すべて「蜂蜜」であり、違いがよくわからなかった。たとえば、「○○の蜂蜜は△△の蜂蜜に比べてビタミンが多い」といった検査結果がどのような意味を持つのかいまいちよくわからなかった。食品関係に詳しい方からは、「ある蜂蜜がビタミン C が多いからといって、その蜂蜜からビタミン C を摂取しようとすると糖尿病になります」と言われた。蜂蜜によってビタミンやミネラルを補うという差別化は現実的でないとのことである。蜂蜜にはビタミンのようなものは極めて微量にしか含まれておらず、日本国内でもビタミンやミネラル豊富という表現をすることは実際問題としてあるらしいが有効量にはならないとのことである。必要なビタミンを摂取するには野菜のほうがいいということである。また、産地の特徴を調べるための分析はなくはないとのことであるが、実際の取引・商売となると花の種類とか香りが重要であるとのことであった。

研究者の方からは違った視点でのご助言をいただいた。蜂蜜の場合、場所毎に異なった検査結果となることは普通であり、このような単一の分析結果にはあまり意味がないとのことである。今回私が検査した分析値は、食品としてのハチミツの一般性質が規格範囲かどうかを証明することが主目的のもので，この蜂蜜の特徴を調べる結果にはなっていないとのこと。さらには、そもそも蜂蜜のブランド化を品質（分析表にあるような計測可能な物理化学性項目）に頼るのは困難を極めるとのこと。それは、同じ場所であっても，こうした規格値についてさえ二度と同じ蜂蜜は作れないからだそうである。基本的には「国際規格」か、せいぜい「超国際規格」ということで、差別化要素としては弱いとのことである。

私は自分の知識の無さを恥ずかしく思った。と同時に蜂蜜の奥の深さや食品販売の難しさを痛感した。一方で、日本にいる研究者や民間企業の方から助言をいただけたことは本当に嬉しかった。自分が行っていることが独りよがりになっていないか、第三者からの助言や指導を踏まえ、活動の軌道修正を行うことはとても大事なことである。

蜂蜜の販売に向けて

Tudan村のひとたちは好奇心が旺盛である。とにかく新しいことに挑戦することに前向きで、失敗を恐れない。たぶん、失敗しないという自信があるのかもしれない。蜂蜜を売りたいということでラベルの作成だけはあっという間だった。実際の販売については蜂蜜にどうやって付加価値を付けるのか、どうすれば多くのひとを引き付けることができるのか、などなど考えていた。商品開発や市場開拓については多くの方から助言をいただいた。成功事例を調査してみると、地域性、採蜜方法，製造者によってブランド化する事例は多いようである。特に、開発途上国の場合には、オーガニック認証を取得することが手っ取り早い事例もあるとのこと。だたし、ひと昔に比べると、オーガニック市場も「よい状態ではない」らしく、これだけで販売戦略になるかどうかはわからないとの助言もいただいた。また、観光地や著名な生産地であれば，地域認証も一つのブランディングの方向となるし、少数民族支援や女性支援を目的とした組織などが作ったものとして、ブランディングされている商品はけっこうあるとのことであった。

商品開発の際には、○○ブランドとすることが考えられた。地元の象徴のようなものを使えば、それは地域の誇りにもなるし、国際的な存在感も期待できる。「○○登録」という目標はわかりやすいし、関係者で共有しやすい。多種多様の利害関係者の合意形成にも有効である。Tudan 村はユネスコが規定するエコパークの登録地にあるが、サバ州には同じユネスコが管理している世界遺産のキナバル山がある。サバ州の神が住んでおり、サバ州のすべての民族を守っているキナバル山のブランド力には到底及ばない。現に、キナバル産蜂蜜は市場に出回っている。蜂蜜としての質は Tudan 産と変わらないと思う。商品開発や販売戦略というのは本当に難しかった。大きな利益を期待しているわけではない。Tudan 村の蜂蜜を少しのひとでもいいので味わってほしい。それだけのことであったが、このことが非常に難しかった。

今後の対応についていろいろと考えることになった。Tudan 村は伝統的に養蜂を実践しており、一定の知識と技術がある。蜂とのコミュニケーションをとることができ、蜂を「ペットのようなもの」と考えている。このような生活に身近で生活の一部になっているものの価値を正当化し、それを発展的に継承していくことが重要であった。養蜂活動は住民のイニシアティブで進んでいるところに意味がある。養蜂は「よい環境」に左右される。養蜂は環境保全、生計向上、伝統的な知識の保護と継承いずれにも貢献することを常に認識しないといけない。どれか一つでも壊れてしまうと、それは村あるいは村のアイデンティがなくなることであり、緊張感を持った支援が必要であった。早急に生計向上を急ぐと短期間での商品生産量の増加が必要となる。すると、化学肥料・農薬等の使用が必要となり、結果的に土壌汚染・機能低下が起こり、最終的に生産量の低下をもたらす。難しい課題であった。

日本に蜂蜜を持ち出すことは可能であったが、まずはサバ州内の市場開拓を優先することが重要と考えた。また、課題の一つが商品化に必要な包装等の技

10 | Your Local Voice **Special Report** Daily Express Sunday, December 28, 2014

Hj Amat Mohd Yusof, (4th left) Secretary of Natural Resource Department, presents a wooden beehive to Johnween Galuk, Leader of Kg Tudan Apiculture Group, witnessed by Kazunobo Suzuki (3rd left).

Amat tries a wild fruit in Kg Tudan, accompanied by Galuk and Suzuki.

Using bees' instinctive diligence to improve livelihood!

Kan Yaw Chong

BEES have a time honoured global reputation for instinctive diligence. Here's a unique rural apiculture project hatched to reap the fruits of their natural diligence and productivity to generate handsome passive incomes, to improve the livelihood of remote hill-locked village Kg Tudan tucked inside the buffer zone of the Crocker Range Park, in the hinterlands of Tuaran District.

On a good season where flowers abound in the nearby forests, one single hive can produce as much as 5 to 6 kgs of natural wild honey worth tens of ringgit per kg, according to a key member of the project.

The brain child of this interesting project traces back to the Japan International Co-operation Agency - Sustainable Development on Biodiversity & Ecosystems Conservation (JICA-SDBEC) implemented jointly in collaboration with the Sabah State Government.

Deservedly so, Hj Amat Mohd Yusof, Secretary of Natural Resources Department (Hasil Bumi) Sabah, drove all the way into Kg Tudan on 2 December to launch the bee hive presentation ceremony to officially kick off the project, while JICA, which donated the materials to make the bee hives, invited *Daily Express* to cover the event.

All about sustainable living without jeopardising future: Natural Resource Secretary

"You are lucky to have been chosen as a model to uplift the people's livelihood standard through this collaborative programme between the State Government and JICA, known as Sustainable Development on Biodiversity and Ecosystem Conservation." Amat told the 15-strong bee-keepers Group of Kg Tudan.

"This is about sustainable living by using the limited available resources without jeopardising the rights of our grand children to the use of these resources in the future." Amat said.

"The key objective of this State Government project together with Jica is to promote the use of resources without jeopardising the quality of the environment," noted Amat who cited the training in breeding honey bees provided by experts from the State Agriculture Department in Tenom.

"This is yet another effort to improve the quality of life of the people by using an environment-friendly approach," he said.

Quality of life goes beyond money : Amat

"The quality of life is not only measured in terms of money or how high the standard of living is but it must be seen together with other aspects, such as clean air to breathe, clean water to drink every day, as they have direct bearing on people's health and happiness on the physical and spiritual dimensions of life," Amat pointed out..

"What is special about this programme is that these activities actually came up in the first instance as requests by the people," Amat said.

"This is why I believe that your commitment is high and indeed the success of this programme depends on the commitment and active participation of the people of Kg Tudan without which it is difficult and I hope the fruits of all these efforts with be sustained," he said.

Jenius Gadiman- Kg Tudan-hailed teacher has been picked by JICA for environment conservation training in Japan, next month.

Success crucial

"The success of this programme is very important because this model will be used to plan the development of other villages with similar surface topography and socio-economic conditions," Amat reminded the villagers to be mindful on the substantial investment already injected into the project thus far.

"I am aware that JICA has spent a substantial amount of money to assist in a land suitability study in addition to teaching the people on how to upgrade the quality of the lands by using char-bamboo rather than bamboo pieces, taught how to do compost fertilisers for cultivation of highland vegetables and one more activity being planned for Kg Tudan is homestay," Amat noted..

"I believe the products coming from this protected environment without taking short cuts, will be marketable not only in Sabah but possibly penetrate external markets as well, given proper storage, preparation and packaging," Amat sounded a futuristic potential.

In view of these future possibilities, Amat called on the villagers to co-operate with the JICA and the various State Government agencies to plan and implement the SDBEC programmes with earnest.

A son of Kg Tudan heading for Japan!

Amat concluded the ceremony with an announcement that Kg Tudan hailed Form Six teacher, Jenius Gadiman, currently teaching at SMK St Martin's, Tambunan, had been picked by JICA to be sent to Japan for training on 'Environmental Conservation & Education Programme', from 11-30 January 2015.

"I hope the knowledge and experience acquired by Jenius from this training will be implemented among the young people of Kg Tudan," Amat said.

Irresistible golden honey comb.

'More and better honey by combining modern, traditional knowledge'

Earlier on, Johnween Galuk, leader of the 15-strong Kg Tudan Apiculture Group, thanked JICA-SDBEC and the State Government for what he called "this meaningful project."

"Twenty units of honey hives are budgeted for each participant who are given the opportunity to get directly involved in the process of preparing the honey hives," Galuk said in his opening speech.

"We learnt to combine traditional technology with modern knowledge in preparing the bee hives we call 'bohungon.'

"Traditional technology is used because it's proven to have worked for centuries but modern techniques improve both the quality and quality of the honey," Galuk pointed out.

"Our apiculture project which started in September 2014 currently has a total of 300 units of bee hives (bohungon) and about 40 units or 13 percent of the hives (bohungon) have honey population," said Galuk who believed it would bring benefits to the community especially the participants through value-added passive incomes and may also excite curious visitors from foreign lands.

"We hope the unique honeybee project by JICA SDBEC in Kg Tudan will be documented well, for future reference" said Galuk who expressed his gratitude for the "opportunity" to join the project and urged his "fellow friends" to "work hard and work smart" together to make Kg Tudan "a hub for honey production."

A beehive in Kg Tudan.

The 15-strong Kg Tudan Apiculture Group with Ama and Suzuki

Beekeeping project 'a milestone', says Jica chief

JICA Chief Advisor, Kazunobu Suzuki, who spoke in Bahasa Malaysia, described the official bee-hive presentation ceremony "a milestone" which highlights the strong collaboration between Kg Tudan and JICA-SDBEC.

"Recognising that there are pressing needs for livelihood improvement at Kg Tudan, JICA-SDBEC has been providing technical and financial resources for the community and bee keeping is one of them deemed necessary," he said.

"Moreover, I know that bee keeping in Kg Tudan and its local technology has been inherited from your ancestors. So bee keeping can contribute to not only livelihood improvement but also protection of local and traditional knowledge and technology," Suzuki pointed out.

JICA Chief Advisor Kazunobo Suzuki with Mt Kinabalu in a background as seen from Tudan.

"But needless to say, without a clean environment, beekeeping cannot be done. This is the strong advantage of Tudan," Suzuki was emphatic.

"What JICA-SDBEC aims to realise is a society in harmony with nature in Tudan and developing a model which can be replicated in other villages in Sabah and beyond," Suzuki said.

"I believe that through beekeeping in Tudan, we can find good lessons and practices. For this reason, all should work together continuously," said Suzuki who thanked the State Government, the Tuaran District Office and the Tudan community.

養蜂活動支援は地元新聞に大々的に取り上げられた。2014 年 12 月 28 日（Daily Express）

術と適切な容器（瓶等）がないことだった。現状、ペットボトルなどに無造作に蜂蜜を入れており、見た目も悪く、決して清潔とは言えない状況である。

売り方の一つとして、ハニーコム付で売る提案がサバ州農業局からあった。コムがあると、客は蜂蜜が新鮮であることを認識することができるらしい。ただし、パッケージをきちんと行わないと、発酵が始まってしまうので注意が必要である（農業局によると、ハニーコムは二日間冷蔵庫に入れ、wax moth （ハチミツガ）を殺さないといけないとのこと）。

継続した販売を行うために、一定量の生産量を維持する体制が必要であった。現在は、個人ベースで村近隣の道路沿いや近隣の市場で販売をしているが、その価格もまちまちである。今後は、村単位での生産・販売体制を構築することが必要であった。

森－山－里－川－海といった異なる生態系をつなぐ教育活動

地域の環境保全と持続的な社会の構築のためには、行政区分に基づく土地利用管理ではなく、生態系区分に基づく資源の保護と利用が必要である。簡単に言えば、「森－山－里－川－海」といった異なる生態系のつながりに着目した施策が重要である。私たちはこの認識のもとに、「流域」と「生活と水」に焦点を当てた環境教育プログラムREEP（River Environmental Education Programme）をサバ州で実施した。REEPは主に対象流域の小学校（5校程度）の5～6年生を対象とし、各校から4名程度と教師1名が参加する。「聞いて、見て、触って、気づいて、考える」のプロセスを重視した体験型のプログラムであり、環境に対する責任感や生活態度を養う機会を提供することと、地域に眠っている新しい資源の発掘を行うことを目的としている。

標準的なREEPは4日間程度であり（期間は状況に応じて変わる）、異なる学校の児童混合グループ（5名程度）に分かれて行うことが多い（参加した教師や行政機関職員にはファシリテータ的な役割も期待される）。初日は、REEPの実施目的や期待される成果の説明の他、ユネスコエコパークに登録された背景や意義、川の上流から下流のいろいろな生態系のつながり、人間活動と水の関係などを丁寧に説明することにしている。実際、Tudan 村含むサバ州の山岳地域にある村のひとたちはユネスコを知らないひとが多い。ユネスコエコパーク登録の話をした際に、住民は規制が課せられることを警戒した。一度きりでなく、何度も説明し、村人にもメリットがあることを説明することが必要であった。また、その地域の地形的な説明、たとえば、どこからどのような川が流れていて、その川はどこにたどり着くのか、流域にどの程度ひとが生活しているかなどの説明を行っている。このため、地域の行政機関の役割が重要となる。その後、簡易測定キットの使用方法を説明し、グループ毎に、上流、中流、下流域の物理的環境（たとえば工場廃水の色や臭いの確認）、化学的環境（PH や溶存酸素等の測定）、生物的環境（川の生き物調査等）の調査を行う。物理および化学環境は 5 段階の評価基準、生物環境についても観測された生物に応じて 5 段階の評価基準を設定している。最終評価では、先ず児童が自ら考え結論を出し、その後行政の専門職員の助言を得るようにしている。また、地域に継承されている伝統的な民俗文化に触れる機会も提供する。このことは、地域文化が自然と密接に関係していることを理解するだけでなく、伝統文化の継承者である年配の方との交流の機会としても重要である。REEP 実施期間中は、毎日必ずグループディスカッションを行い、気づいたこと、わからなかったことなどを共有し、教師や行政機関職員が適宜助言を行う。最終日には、グループ毎に、REEP を通じて学んだり発見したことと併せて、今後自分たちでできることを整理してアクションプランとして発表する。

Tudan 村においても REEP を実施した。Tudan 村は川の上流に位置する。Tudan 村では通常の REEP のような学校の児童に限定せずに、広く村人向けの環境教育として、サバ州政府、サバ大学、郡関係者、環境 NGO が講師となり、REEP の内容説明、簡易測定キットの使用方法と結果の評価方法を説明した。また、家庭から出る食用廃油からローソクを作る方法や、台所の生ごみからコンポストを作る方法といった身近な資源リサイクルを学ぶ機会を作った。

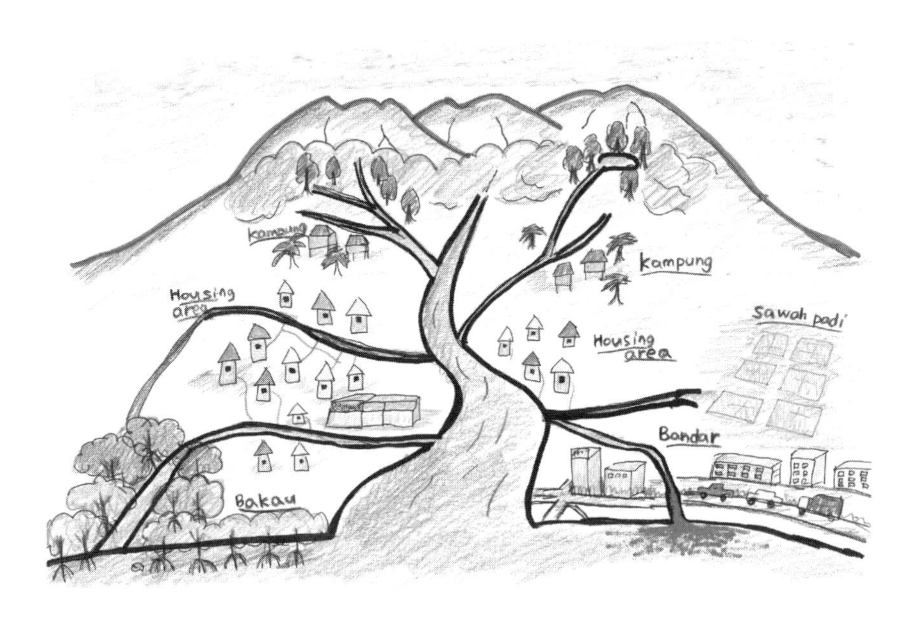

川の環境教育のコンセプト——いろいろな生態系をつなぐ活動

BBEC II Secretariat（2012）Completion Report on the Bornean Biodiversity and Ecosystems　Conservation (BBEC) Programme in Sabah, *Malaysia* ,A guidebook for planning and preparation of River Environmental Education Programme (REEP). から引用

川の環境教育（上流域と下流域のつながりの理解）の様子

家庭から出る食用廃油で作ったローソク

3

いろいろな新しい発見

化学肥料を使っていた！

Tudan村は川の上流に位置することから住民は綺麗な水を享受するが、水を汚すと下流域で生活をしている住民に影響が出る。下流域の住民に思いを馳せることができるか、そのような意識はあるのか、ここがTudan村で実施したREEPのポイントであった。Tudan村でのREEPでは新しい発見があった。基本的に有機農業を実践していたはずのTudan村で、ごく一部の農家のひとが、作物の植え付け後初期の時点でごく少量の薬品を使用していることが明らかになった。この事実はTudan村の参加者には多少驚きとして映った。当然私も非常に驚いた。早速村内を視察した。すると、斜面での農業において、白い粒が少量確認できた。村人にきいても当然答えない。こっそりサバ州の農業局に確認したところ、農業局では土壌の質が悪い地域に対して化学肥料の支給プログラムがあるとのこと。ただし、Tudan村で確認された化学肥料は農業局支給のものではないとのことである。農業局の推察では住民自らが買ったものか、誰かからもらったものではないかとのことである。また、私が確認したTudan村の化学肥料は微量であり、通常、この種の化学肥料は短期間の作物（野菜など）、中長期間の作物（フルーツ、ココナッツ）に使用されるらしいことがわかった。未確認ではあったが、除草剤、殺虫剤も使用されているかもしれないとも言っていた。サバ州一般の話として、特に農業の初期（草刈りが面倒な時期）に除草剤を使うことが多いらしい。

化学肥料や除草剤を使用しないと聞いていたので、多少の驚きはあったものの、それ以上にTudan村が外部の影響を受けている実態を認識したことが私にとっては大事なことであった。

この新しい発見のお陰で、川の上流部に位置するTudan村の環境は下流域まで影響するという認識が芽生え、今後農薬等を使用しないとする村人の結束が確認できたことはよかった。また、村人が作成したアクションプランも、日常生活のなかで水を綺麗にする、ごみを極力出さないといったものであった。参加者は、川が持つさまざまな生態系のつながりとそのサービスを理解し、自分の日常生活を見つめ直す機会を得たと感じており、今後もTudan村の環境保全の担い手になってくれるものと信じている。

いいことばかりではない！　妬み勃発か？

うまくいっているように思えたTudan村の養蜂活動だったが、2015年4月の中旬、事件が起きた。村で養蜂活動を順調に行っているリーダー格の村人の巣箱が何者かに壊されていたのである。明らかに人為的なものであった。村内のひとあるいは外部者の仕業なのかわからなかったが、成功しているひとを妬んだ事件と当該の被害者のひとは言うのである。

早速、ローカルチャンピオンのマリウス氏と養蜂グループのリーダーのモリス氏を近郊にある喫茶店に誘って話し合うことにした。私のような外部者が村のなかで話をするのは他の住民の不信感や警戒感を煽ることにもなりかねないと判断し、村の外で会うことにしたのである。

彼らによると巣箱の破壊は子どもがいたずらしたもので、蜂に刺されて怒って石を投げつけたということである。しかし、彼らはそれを目撃していないし、どこの子どもかも特定していない。何よりも、養蜂研修の後に、「養蜂がうまくいった場所」の巣箱を狙っていることは明らかであった。私も確信めいたものがあったわけではないが、破壊された巣箱は真っ二つに割れており、とても子どもの仕業とは思えないものであった。

私がTudan村での活動でいちばん懸念していたことは村の住民間の公平・公正というものである。地域の開発事業ではローカルチャンピオンの存在が不可欠であることは述べた。このローカルチャンピオンを通じて、関係者間の合意形成や各種手続きの調整作業を行うことになるが、このことがローカルチャンピオンに依存する体制になってしまうことがある。この状況は、他の住民からすれば不公平に映ることもあると思う。住民間の目に見えないギャップのようなものをとにかくいちばん恐れていた。

マリウス氏もモリス氏も子どもの仕業であるとする説明以上のことは言わなかったが、私が住民間の透明性ある情報共有と活動機会の提供に留意していこうとの呼びかけには大きく素直に頷いていた。マルベリーや蜂蜜から得られるであろう収益も、住民間で争いや衝突がないように公平に分配することを改めて確認した。

しかし、公平公正と簡単に言うが、非常に難しい。マルベリーに関しては、実際に多くの住民がマリウス氏から苗をもらっている。もちろん無料である。しかし、マリウス氏は自分から住民に配布するようなことはなく、要望が直接寄せられたらあげるというスタンスのため、何かの事情で欲しくても頼めない住民もいるのではないかと思ってしまう。また、マリウス氏は、州政府との政治的なつながりもあるため、住民から警戒されたりすることもあるという。マリウス氏が自分の敷地内に簡単な小屋のようなものを建て、お客さん対応等の情報センターの機能を持たせることは、イニシアティブの尊重という点では評価するも、一部の住民はこのような取り組みをおもしろくないと思っているのかもしれない。

もう一つの事例であるが、Tudan村ではガソリンや軽油は住民自らが外部から調達している。しかし車両などの運搬手段がない村民もいる。そこでこのような村民の救済措置として、ガソリンや軽油、時には米といった食料を調達する行政サービスが存在する。扶助・互助機能ともいえる。Tudan村の場合、政府とのやりとりをマリウス氏の弟が行っている。政府から少し安めの価格で仕入れて村人に売るのである。ときどき、市場価格よりも高い価格で買い取りを行うこともあるようである。ここでも、一部の人間が政府につながっていることが住民の不信感につながることもあるようだ。公平公正の実現はとても難しい。

なぜ妬みが生じているのか？　本当の問題とは？

Tudan村のひとたちは環境への意識は高いと思う。それ故に、私がかかわった事業にもよく参加してくれた。しかし、マレーシアの私の仲間に言わせると、村人の環境への意識が高いのは間違いないが、事業に参加しているのは周辺から仲間外れにされたくないとの意識が根底にあるからだという。幸福度調査において、周りの仲間との絆という回答が多くあったが、この裏返しは仲間外れになりたくないという気持ちがあるということだ。これはマレーシアに限った話ではなく、日本の町内会でも見ることができると思う。

ではなぜ巣箱が破壊されたのか？　この問題は、自分たちは公平に扱われていない、仲間外れになっている、という意識からくるものではないかとの話がでてきた。その根底は土地問題である。これは歴史・文化も絡む非常に機微で厄介な問題である。

Tudan村があるボルネオの土地問題は歴史との関係が深い。詳細は専門誌に譲るが、簡単に説明すると、帝国主義時代の植民地化の時に、地元住民の慣習的な土地利用と外国資本の開発の競合があったことが背景にある。開発を進めていく中で、外国資本の土地と地元住民の慣習的な土地の利用や所有の権限や境界線が曖昧になっていった。この2者の異なる意向が、結果として地元住民が比較的自由に利用してきた公有地の利用に制限がかかるようになり、住民側の意向は十分に反映されていない状況が続いているのである。

Tudan村のひとたちの最大の要望は安全・安心であり、これは半永久的に土地を所有できることを意味する。土地の利用制限をいちばん恐れているのである。現状、Tudan村の半数以上の世帯は実は伝統的な土地所有権を持たない農民である。約57%の農家世帯が土地所有を政府当局に申請中であるが、なかなか承認・許可がおりないのである。数十年待つことは珍しいことではないようである。住民たちの熱い思いがあったため、一度政府関係者に事情を説明したことがあったが、政府には政府の言い分があるのである。その内容は、住民が作成し提出する申請書の内容がとにかく不備が多いらしい。農地の境界線も不正確なものが多く、審査を行うのに十分で正確な情報がないので時間を要しているとのことである。

土地所有権の問題は機微な問題である。政治的な紛争になることもあり、開発援助事業で Tudan 村の住民すべてに土地所有権を与えることを目指す援助はたぶん現実的ではないだろう。政府と住民間のコミュニケーションを促進する触媒の役割や、土地の境界線の正確な情報を提供するなどの役割はあるかもしれない。しかし、Tudan 村という一つの村で解決するような問題ではない。

巣箱崩壊の本当の原因は土地所有の問題であったと考えている。土地の所有権を持たない住民が土地を自由に使い養蜂活動を行っている住民を嫉んだのかもしれない。真相はもちろんわからないし、誰も犯人捜しをしようとしない。これも推察だが、このような妬みや嫉妬は大小あれ今までも村内であったのだろう。

資源の利用や集団活動による収益の公平ルールは言うのは簡単だが、根深い土地問題との関係があると、その解決はとてつもなく難しい。外から表面的なことだけで判断することも難しいし、村内に入り込みすぎると政治的な問題に巻き込まれるかもしれない。養蜂、マルベリーなどの活動については、公平なやり方でグループを作り、そのグループは地方政府に認めさせた。決定はすべて住民であり地方政府である。ひとの感情で妬みという感情はとても厄介だ。表面的にはみんな仲良くしている。本当に困っているひとを助けることはできないのか？「最後のひとびとを最初に」が援助の理念ではないのか、ひとびとの嫉みを解消することも支援の目的なのか？　等々考えたものだ。成果を急ぐことはしたくないし、無責任だと言われたくない。開発援助の活動としては、村の規範を重んじ、長老や村のリーダーの主体性を醸成すると同時に、村人の間での公平感・平等感に留意するように提言を行ってきた。新しい現金収入手段の導入が、村人間での習慣・規律・結束といったものを崩壊しないように、村の自治・自律機能が適切に働くことが極めて重要であり、これができない場合には、支援の在り方を根本的に見直すことが必要であることを痛感した出来事であった。

オープンな村人の妬み――もう一つの事例

土地の利用に関係した住民間の妬みでもっとオープンな事例が Tudan 村にはある。Tudan 村のなかの小高い山の頂の一部が土砂剥きだしになっている。しばらくの期間この状況を注視していたが、半年以上経っても、土砂は丸裸であった。ここで何が起きたのか住民にきいてみると、ここは普段は村外に住んでいる人の土地らしく、自分の土地にエコツーリズム用の施設を建てようとしたところ土砂崩れを起こしたとのことであった。この人為的な土砂崩れは、麓の小学校付近まで迫っており、極めて危険である。当然、村人は怒っている。とにかく成長の速い木を植えてほしいと嘆願している。

実はこの村人は、自分の土地を開墾し、簡単なビジターセンターのようなものを建設しようとしたらしい。他の住民には事前の相談はなく、土砂の崩壊が起きたらいなや、後片付けもせず逃げてしまったとのこと。この行為は、お金・土地・機材などがある裕福なひとであったからできたものである。この行為は住民の僻みや妬みを助長するものであった。幸い、大雨でも土砂の崩壊が起きないことは幸いであったが、公平・公正な事業を目指していた私にとっては何とも厄介な事例であった。

人為的な土砂崩れは、学校付近まで迫っている

4

Tudan 村の将来計画の作成

ベースライン調査を含むいろいろな活動を通じて多くの情報が集まった。何よりも住民の参加型で情報収集や知見・経験の共有ができたことは純粋に素晴らしかった。いよいよ Tudan 村の将来の絵姿が完成する時がきた。ただし、これら絵姿はあくまで援助側が提案するものである。もちろん援助する側が一方的に提案するものではなく、村人との共同作品である。重要なことは、これら提案物はまだ「ドラフト（案）」ということである。最終的に決定するのは Tudan 村のひとであり、村の決定ルールもあれば郡や州といった行政機関の許可が必要なこともあるだろう。ここに最終的に作成した計画の骨子だけを紹介したい。

当初村にはビジョンがなかったが、住民の参加型でついにビジョンが決まった。ここに住民が納得したビジョンが示された。いずれも根幹にあるのは、環境の保全、伝統的農業の維持・継承、代替生計手段の開拓である。

①　将来世代のために村の自然環境を保護する
②　生計向上のためにも伝統的な農業活動を進化させる
③　村はきめ細やかな計画と適切な設備投資によって発展する
④　土地は法的な根拠に基づき住民に割り当てられる
⑤　すべての子どもが最低限の基礎教育を修了する
⑥　文化と伝統を保持しながら自然と共生した生活を営む

これらのビジョン毎に戦略が示され、具体的な対応は 42 のアクションプランとして整理された。すでに実施されているアクションもある。また、Tudan 村以外の関係者との協力が必要なものもある。すべて実効性と実現性のあるアクションを整理・提案した。夢物語のようなものは無責任になるので提案していない。今後、Tudan 村の住民が自ら行動を起こし、豊かな社会の構築に向け進んでほしいと願うばかりである。

5
開発援助のその後
——どうなったか？

開発援助は期間限定であり、如何に終わらせるかがいつも問われる。開発援助の事業では出口戦略なるものが必要で、援助が終わった後も途上国の関係者や村人が自立して活動を続けるにはどうすればいいか、援助や支援を引き継いでくれる団体や組織はないか、などを考えていくことが必要である。ここでは、開発援助が終わった後の話を少ししたい。

モデルに選ばれた

マレーシアは「〇〇モデル」なるものを表彰するような仕組みが多い。国家が指定する条件を満たせば、〇〇モデルとしてのお墨付きがつく、有名になる、資金の援助も受けることができる、誇りに思う、などいろいろなことがある。

私がTudan村に初めて足を運んだのが2013年9月2日であった。それから2年経った2015年に大きなことが起きた。2015年4月にTudan村を管轄する郡の会議において、Tudan村を「Kampung Sejahtera」に指定することが決定された。「Kampung Sejahtera」は「自然と調和のとれた村」といった意味合いがあるらしく、日本語で言うと、まさに「〇〇モデル村」といった感じであり、「自然と調和のとれたモデル村」とでもなるであろうか。Tudan村と地方政府のコミュニケーション促進に力を入れてきたので、この指定は私もとても嬉しかった。

実はその少し後の8月にも同じような話があった。Kampung Sejahtera One Malaysia（サバ州の表彰制度）とGerakan Daya Wawasa（郡の表彰制度）なるものに応募したらしいが、この時は残念ながら落選であった。Gerakan

Daya Wawasaは2位であったとのことでもう一歩だった。また、Kampung Sejahtera One Malaysiaは、道路がない、電気がない、携帯がつながらない、といったことが条件となっており、Tudan村はこの条件には当てはまらなかった。確かに村には道路も電気もあるし、村人は携帯電話を持っている。そもそも応募資格があったのかと思うし、何でも応募すればいいというものではない。落選という結果も「そりゃそうだろ」とうなずけた。

大学の目に留まった

サバ州にあるサバ大学とはよく情報交換を行っていた。地域参加型自然資源管理や地域開発といった研究を行っているグループがあって、何度かTudan村にお連れした。研究者は、村の環境に感銘を受けたこともあるが、村人に惚れ込んでしまったようで、村の環境保全と開発の両立に向けた研究と教育の場所にしたいと提案があった。

村人は研究者をとても尊敬していた。無論、研究者や教育者に期待することも大きかったと思う。学術や教育の活動で村が注目を集めれば、当然ひとの出入りが増えるかもしれないし、何といっても大学が持つ広報・宣伝の影響は大きい。一気に有名になることも期待される。

サバ大学は地域住民の資源管理にたいへん関心を持っており、中でもマルベリーの栽培に関心を寄せていた。大学教員は学生を連れて何度も足を運び、インタビューや現地調査を通じて情報を集めて論文に発表したり、都市での公開セミナーなどで発表をする。大学側からすれば、素晴らしい研究・教育の場であり、Tudan村からすれば、新しい交流を通じた新しい発見と知名度向上というWin-Winの関係ができ上がった。私がかかわった援助活動の成果の一部をサバ大学が引き継ぎ、新しい形で発展させたのである。

リピーター客の誕生

Tudan村はこれまでその知名度はサバ州内でも極めて低く、山に囲まれたあまり知られていないごく普通の村であった。しかし、私がかかわった開発援助の影響やサバ大学の活動もあって、今までにない数のひとが訪問することになった。自然と共生している村落に行ってみたい、村人に会ってみたい、という好奇心からくるものであったと思う。また、コタキナバルから南に抜ける幹線道路沿いに村があったことも、ひとを引き付けるうえで好条件であったと考えられる。

訪問客のなかには一度行ってみたいという好奇心で訪れても、1回訪問して終わりということも多いと思う。何度も訪問してみたいと思わせるための工夫が必要である。

Tudan村には今やリピーターが存在する。一役買っているのはマリウス氏だろう。彼は、マルベリーを使ったワインやジャム、あるいはマルベリーの葉を使用した茶で訪問者をもてなしている。自分の庭をちょっとした農園のようにしてお客さん向けの休憩室のようなものも設置している。どうやって宣伝をしているかというと、彼のSNS（フェイスブック）の影響力であろう。途上国の小さな村から発信されるSNSの力は大きい。また、サバ州観光局との連携でYouTubeを使ったちょっとしたビデオを製作して公開している。サバ州の力を借りた宣伝効果も大きい。マリウス氏は、村の若者数名を率いてマルベリー栽培に精を出している。今後も訪問客を通じてTudan村の「モデル」が広く一般に周知されていくことを願っている。

女性グループ中心の商品販売

開発援助事業は終わってもTudan村の女性は元気であった。とにかく好奇心が旺盛で新しいことに対するチャレンジ精神がすごい。サバ大学との連携事業でも中心的な役割を果たしたのは女性であった。先に述べたが、マリウス氏の後を引き継いでTudan村の村長になったエミー氏を中心に、Tudan産の蜂蜜やマルベリー茶の販売が行われるようになった。私が日本に帰国してから確認した数字では、2017年4月時点でマルベリー製品から得られた収益は年間2,000リンギット（約60,000円）であった。現金収入の平均は月額でおよそ

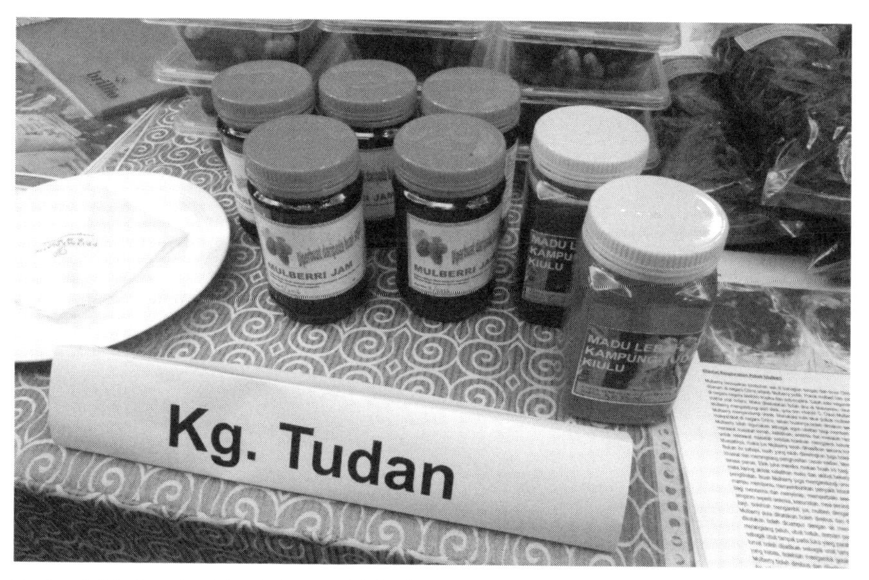

Tudan 村産のマルベリージャムと蜂蜜（Kg. は「村」という意味）

Tudan 村産のマルベリー茶

400リンギット（日本円換算で約12,000円）であるから、約5か月分の現金収入がマルベリーから生まれたことになる。村人はサバ州政府が実施する会議などに積極的に参加し、ブースの一角でTudan産の蜂蜜やマルベリー茶を販売するまでに至った。商品開発にはそのパッケージも重要である。エミー氏を中心に何度も何度も考えたのだろう。それらしい商品になっている。見栄えも悪くない。これら商品を手にしたひとが、「美味しい」だけではなく、Tudan村のひとや村に脈々と続く伝統、また商品ができ上がるまでのストーリーを感じ取っていただくようなことができれば素晴らしいことだと思う。

6

援助の役割と使命
――他の地域や国でも役立つ教訓・知見の整理

私が携わった活動は国際的な援助であるため、Tudan村という一つの村でのモデル作りで終わってはいけない。他の村、地域、国でも参考となるような知見を整理することが必要である。援助の世界でよく言われる教訓とかナレッジ（知識の意味のKnowledge）の蓄積と発信である。Tudan村のモデル作りの活動を通じて、多くの教訓とナレッジを得ることができた。援助機関の事業報告書のようであるが、地域の開発や創生事業においてどれも重要なものであり、万国共通といったものではないが、今後に役立つものも少なからずあると思われるので、簡単に記しておきたい。なかには「当然のこと」もある点ご容赦いただきたい（当然のことが実は大事だったりするものである）。

住民の目線に立った関係作り

地域の開発事業において最も重要なことは地域住民の目線に立った事業を実施することである。地域の資源に依存した生活を営んでいるのは地域住民である。外部者と地域住民の良好な関係が事業成功に不可欠である。住民を信頼し、最終判断は住民に委ねることが大切である。どんな住民であれ、外国人が支援する場合には、何らかの警戒心を持つものである。事業のコンセプトを説明してもなかなか理解されないこともあるし、「あなた誰？」から始まり、「ここに何しにきたの？」「私たちに何を期待しているの？」という質問が続くことは多い。結局、時間をかけて住民との信頼関係を築いていくしかないのである。事業の開始から住民との協同体制を作り、住民にはいつでもオープンで彼ら彼女らからの質問にはどんな時でも丁寧に回答し、十分な説明を行うことが求められる。

事業の初期から地域の住民との信頼関係構築に努め、その信頼をベースに事業への参加を促し、主体性を尊重し、最終的な決定は住民が行うようにするといいと思う。

住民の「任せろ」という気持ちを助長する取り組み

開発計画なるものを作成することは、時間もかかるし、活動が「地味」である。関係者が集まって意見交換し、その結果を取りまとめる。なかなか興味・関心が続かず、活動に「飽きて」しまうこともあるかもしれない。Tudan村の事例では、コンポスト作り、養蜂、竹炭作成など、彼ら・彼女らの関心の高い活動をすぐに試行した。この「すぐに実施」という点が重要であった。また、地域の住民は外部からの情報や影響に接することに慎重であり、また臆病な面もあるのが通常である。しかし、一度信頼関係を築けば、外部から入ってくる情報やモノに好奇心を持つこともよくある。Tudan村の事例では、活動のプロセスを急がず丁寧に実施したため、信頼関係を構築することができた。信頼関係を築くと、地域の住民は、活動に関心を持ち、自分事として取り組むようになる。そうすると、株の買い付けではないが、「これを買う？」「よし、買った」と言うように、動きの早いコミュニケーションが生まれ、自ら取り組むことを引き受ける姿勢が芽生える。Tudan村では、村の伝統を維持し本物を追求する精神が脈々と引き継がれてきた。私がかかわった事業は住民のそのような気持ちや住民の血のなかに流れているようなものを最大限尊重し、時には鼓舞したことで、地域住民の「任せてくれるなら引き受けるよ」ということにつながったと考えている。

伝統的農業を生かした近代的農業の実践

世界中のどんな小さな村でも市場経済の影響はゼロではなく、換金作物の需要は増加し続けている。換金作物の需要が増加すれば、効率性が求められ、できるだけ短期間に多くの量の農産物を栽培したくなる。その結果、収量を上げるための化学肥料の使用が進む。また、経済価値の高い新しい作物の需要が大きくなると、伝統的に栽培してきた農産物の存在感が小さくなってくる。このような外部の大きな影響は、小さな村の伝統農業の存続にとって死活問題であり、村社会は外部からのリスクと対峙することになり、取捨選択の必要性に迫られる。外部の新しいものへの好奇心が強い若者世代が未来のカギを握っていることもある。

Tudan 村の経済活動の中心は農業である。代々引き継がれた農業が生活の中心である。伝統的な農業こそ Tudan 村の誇りであり、村人のアイデンティティである。伝統的な農業は化学肥料や農薬を使用しない。しかし、Tudan 村も市場経済の影響は大きく、都市部に就学・就業し村に戻ってくる比較的若い世代は、都市の影響をもろに受ける。昔は道路もなく孤立していた村は、都市と道路で結ばれてからは大きく変わった。外の世界と触れることでいろいろと新しい情報が入ってくる。近代的な農業や、手っ取り早く現金を得る手段に関心を持つようになる。伝統的なものをベースにしながら、その伝統をなくさない範囲で近代的なものを外部から取り入れることが必要である。このバランスが崩れると、伝統的な農業だけでなく、村人のアイデンティティがなくなり、村自体が崩壊してしまうのである。

若者世代による地域活性化のための経済活動

Tudan 村のように、若者が都市部に就学・就業し、村人の高齢化が進んでいる地域は多い。小学校でさえ、地元の学校でなく都市部の学校に通わせる家庭もある。日本の山間部の過疎化も同じ状況と思う。地域の活性化には、その地域から若い人材が離れないような取り組みが重要である。これは、その地域に必ずしも居住する必要はなく、遠隔でもいいから、何かしらのつながりを持っていることが大事である。

若い世代を引き付けるものはなにか？　その一つが、その地域で生計を立てることができるような何らかの活動があることである。映画館とか喫茶店などの娯楽施設がない村で、郷土意識だけではなかなか村を活性化できない。やはり何らかの経済活動が実践できることが必要である。

Tudan 村では、養蜂やマルベリーの活動を行った。蜂もマルベリーも村にある資源である。その資源を上手に利用し、少しでも現金収入を得ることができれば、若者は村とつながり、地域の資源を大切にしながら、地域の活性化に貢献できる。地域の活性化には資源が必要である。若い人材という資源と地域にあるいろいろな資源である。このような多くの資源を、環境や村落の伝統社会を壊さない範囲で適切に活用していくことが重要となってくる。

チェンジエージェントの発掘・育成・活用

一般的に知られていることとして、「チェンジエージェント」とは、もともと組織開発の領域で使われ始めた用語で、組織における変革の仕掛け人、あるいは触媒役として変化を起こしていくひとのことを言う。「改革促進人」とも訳され、企業の組織改革を促す役割をもった存在を指す言葉である。

地域の開発も企業の組織改革も、チェンジエージェントの存在が大きい。企業であれば、外部からそのような人材を雇用するという選択もあるかと思うが、地域社会の開発においては、外部人材よりも内部人材からそのような人材が生まれることが望ましい。特に、開発援助や支援といった性格の事業の場合には、チェンジエージェントは強力なパートナーとなるため、そのような人材を発掘し、育て、一緒に活動を行っていくことが期待される。Tudan 村の場合は、チェンジエージェントをローカルチャンピオンと呼んだ。内容は同じである。チェンジエージェントもローカルチャンピオンも、状況を変えるエネルギーと熱意に溢れた若者世代で、周辺の人間からの信頼が厚いことが望ましい。そして、できれば2名以上いると内部の牽制機能の点で、要は独裁的なやり方を排除する上で望ましいと思う。

村落社会の開発においては、チェンジエージェントは、他者への教育や指導も求められる。地域社会の開発や環境保全の事業において、チェンジエージェントがいるかいないかはその成功のカギを握る極めて重要な要素である。

地域作りのカギは女性

地域社会はどうしても男社会というイメージがひと昔はあった。援助の世界でも交渉事は男性の仕事であり、資金を含めた決定は男性中心で行われることが多かった。最近の国際社会は、ジェンダー平等が常識になっているが、途上国の村落ではまだまだ男性社会が多い。

しかし、国際的な男女平等の動きは着実に地域社会に浸透している。今の世界、女性の活躍の場や機会がない社会などありえない。

私たちはジェンダー平等という用語を使うときに、ときどき勘違いすることがある。ジェンダー平等とは、男性と女性が同じになることを目指すものではなく、人生や生活において、さまざまな機会が性別にかかわらず平等に与えられ、女性と男性が同様に自己実現の機会を得られるような社会の実現を目指すものである。また、ジェンダー（平等の）視点とは、男女の固定的役割分担や力関係が社会的に作られたものであることを意識していこうとする視点のことであり、男女の違いを認識し、その上で、男女の役割分担を考えることである。

Tudan村の場合、女性グループが立ちあがり、女性のローカルチャンピオン（チェンジエージェント）が生まれた。家の近くの野菜栽培、野菜や果物の料理など、女性ならではの視点による活動がある。このような女性による活動が継続していくことが、地域の持続的な発展には欠かせないと思う。

ローカルガバナンスの強化

ガバナンス（統治）の強化は組織体の健全な存続や発展にとって不可欠なものである。どんな組織でも、組織としての決まり事が、規定などで定まっている。そして、どんなに小さな村落社会においても、決まりやルールは存在する。それらが明文化されていないことも多々あるだろう。村落社会は、先祖代々から継承してきた決まりやルールを、ときどきの状況変化に応じて、自らを守るために、あるいは進化するために柔軟に対応してきたはずである。Tudan村も同様である。

外部者である開発援助の場合、村落社会の意思決定や統治の仕組みをよく理解することが求められる。当たり前の話であるが、それらを知らないで外部者が何かを押し付けることは避けるべきである。有形無形にかかわらず、元々存在しているような仕組みが、より公平・公正で透明性のあるものとするための援助や支援が必要である。

関係者の合意形成を促進する国際条約・国際的な枠組みの活用

複数の利害関係者が存在するような場合、如何に合意形成を図っていくか、いろいろと工夫があると思う。強いリーダーシップを持ったひとが全体を取りまとめる、みんなの声を平等に広くきいて全体を取りまとめる、いろいろとあると思う。「俺についてこい」でもいいし、「時間がかかってもみんなが納得するまで話し合おう」などいろいろとあると思う。

合意形成に必要なものは、どこに向かって何のために他者と協力しあっていくかという点が明確であるかどうかが大きなポイントである。皆で合意すればどのようないいことがあるのか、当然損得勘定も働くと思う。開発援助の場合には、如何に関係者の利害が一致し同じ方向を向くようにできるか、いろいろな仕掛けを考える。関係者が同じ目標に向かう仕掛けがあると合意形成は比較的うまくいく。

自然が豊かな地域や他地域にないような特徴的な自然や文化がある地域を「国際的に登録する」ことがある。世界遺産、農業遺産、ジオパークなどである。ある地域を国際的な場所として登録することは、そこに地域の価値に加え、国際的・普遍的な価値が生まれることになる。

Tudan村は、ユネスコエコパークに指定された場所である。Tudan村で栽培された農産物はユネスコブランドという国際的なプレミア価値が期待できる。地域住民一人ひとりの価値観は異なるが、世界的に認知された普遍的な価値観は共有されやすい。その普遍的で国際的な価値をみんなで守り、後世に継承していこうとする共通の考えが生まれると合意形成が促進される。Tudan村の事例ではユネスコという国際的な枠組みが利害関係者の合意形成の正の触媒として機能したと考えている。

第2章　グローバルとローカルをつなぐ持続可能な社会に向けて

私が Tudan 村での地域開発と環境保全の事業を開始したころ、地元の新聞記者が関心を寄せて、事業内容を大々的に掲載してくれた。彼は、環境ジャーナリストとしても活躍をしており、サバ州の環境保全に大きな問題認識を持っていた。彼は日本の里山に関心を持っていたので、私から日本の里山の課題や状況を説明し、サバ州での活動内容も日本の里山保全と同様の考え方を導入したいことを説明した。

新聞掲載後まもなくして彼に会うことがあって話をした。彼は、サバ州のNGO のリーダーに読んでほしいという思いでこの記事を書いたと言っていた。そして NGO にもっと勉強してほしいという気持ちを持っていた。嬉しかったのは、私がかかわる事業は、企画、調査、実施に至るまで一貫して住民参加型アプローチであり、科学的な知見と住民の知見を統合するもので、現在のサバ州で重要な課題である人間と環境の関係を向上させるものであると言ってくれた。その上で、私の考えは、人間、環境、地球を同時に幸せにするものであり、自分が知っている他の事例と一線を画す画期的なものであるとも言ってくれた。新聞掲載後すぐに 2 名の NGO リーダーから彼に照会があったとのことであった。

この記者は私に気を使っていることもあったと思うが、環境ジャーナリストとして、環境や開発行政に第三者的に厳しくみているひとから、科学と地域が持つ伝統の統合アプローチを褒めてくれたことは本当に嬉しかった。

この章では、私が Tudan 村で取り組んだ活動を通じて確認された地域に潜在的にある知、歴史的に蓄積されてきた文化や風土、地域に生きるひとびとに脈々と受け継がれてきた伝統や価値観、といったものを社会科学と自然科学の視点で解説する。

10 | Your Local Voice　**Special Report**　Daily Express Sunday, April 13, 2014

Scenic landscape with clean air and forested hills.

Japanese drone experts from FRS Corporation headed by Kiyoshi Irie (third left) with Jica's Chief Advisor Suzuki (fifth left) and staff James Wong (seventh left).

Pristine water flows down the stream below Jica's operation house in Kg Tudan.

Rediscover Sabah's beauty Satoyama style

Kan Yaw Chong

JAPAN International Cooperation Agency (Jica) is leading a spirited interest to rediscover the beauty of Sabah Satoyama style.

Satoyama is a traditional 1,000-year old rural Japan village farming system known for people living in harmony and peace with nature on a daily basis, surrounded by pristine, graceful forested hills where springs and crystal clear water flows right past their doorsteps, or even straight into their houses!

A misguided dream of romanticising the past?

No, it's a step in a good direction to recapture a lost value in response to the trauma of modern technology which a growing sea of humanity has blamed for destroying much of the natural beauty of the planet Earth, robbed their peace and health and make them captives of the typical stress-filled concrete jungles of big cities.

But can we find a village in remote Sabah that fits the bill of the trademark characteristics of Satoyama, in which you can see, feel, taste the balance, the grace and beauty of a farming landscape where natives keep a culture of living in coexistence with their environment inherited from generations.

Well, don't ask me.

Ask Kazunobu Suzuki – the new Jica Chief Advisor for the four-year Sustainable Development on Biodiversity and Ecosystems Conservation in Sabah (SDBEC) launched in July 2013 by State Secretary Tan Sri Sukarti Wakiman.

An ecstatic Suzuki just can't stop raving over the discovery of Kampung Tudan – a remote hamlet of arable valley sandwiched between hills in the border zone of the Crocker Range in the hinterland of Tuaran District, which he thinks is typical of a Satoyama and out of sheer joy, picked Tudan as Jica's dream pilot project site over the next four years.

Kg Tudan is Sabah's Satoyama: Suzuki

"Kg Tudan is what I call a landscape called Satoyama where the native people coexist with nature," Suzuki said.

"Kg Tudan is a very clean environment. The water is very clean, the air is very fresh and clean, the soil is very clean – the local community of about 400 people can be proud of their nature," Suzuki noted.

"One very interesting farming feature we found out is that until now, they don't use any chemical fertiliser, pesticide or weedicide. They are still doing what we call Nature Farming, like Satoyama in Japan.

"But here is Kg Tudan, located in the Crocker Range buffer zone – a village surrounded by a forest ecosystem, a river ecosystem, a padi ecosystem, a hill farming ecosystem, the people rely on the forests, the vegetables, the fish, the fresh mountain water which are products of nature, for their daily livelihood. They are living in harmony with nature," Suzuki cheered.

Fragrant healthy blooms which trumpets the beautiful landscape of Kg Tudan. Inset: Suzuki: Jica SDBEC Chief Advisor.

Crystal clear water from the hills typically flows past Kg Tudan.

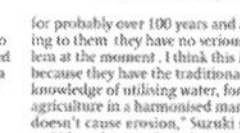

A fragrant, original native species of guava – uninfested by worms.

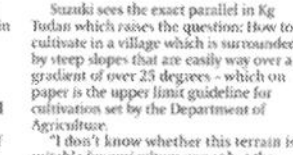

Pineapple amidst other crops.

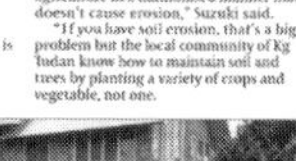

Clean fish pond in a beautiful landscape.

Steep slope cultivation with little soil erosion

Actually, one typical characteristic of the Satoyama landscape in Japan is the difficult natural condition such as steep slopes.

Suzuki sees the exact parallel in Kg Tudan which raises the question: How to cultivate in a village which is surrounded by steep slopes that are easily way over a gradient of over 25 degrees – which on paper is the upper limit guideline for cultivation set by the Department of Agriculture.

"I don't know whether this terrain is suitable for agriculture or not but the fact is the local community in Tudan have been practising slope cultivation for probably over 100 years and according to them they have no serious problem at the moment . I think this is because they have the traditional local knowledge of utilising water, forest, hill agriculture in a harmonised manner that doesn't cause erosion," Suzuki said.

"If you have soil erosion, that's a big problem but the local community of Kg Tudan know how to maintain soil and trees by planting a variety of crops and vegetable, not one.

Where they don't plant single crops

They don't plant one single crop. So biodiversity is good for land and soil maintenance," Suzuki pointed out.

"So even if it involves controversial issues like planting on steep slopes, when you maintain well planted big fruit trees and diversity – and they know how to plant trees to hold the soil and shrubs to trap sediments – you can use it in a way that doesn't cause erosion and it seems okay," Suzuki said.

"But of course, we need to study it. We still need to check the water quality, we'll check all the time the physical quality, eg. smell, the biological quality like flora and fauna, insects, chemical quality such as pH, by using a very simple kit, starting now and the local community can one day be the researchers.

"This is the kind of education programme that the Sustainable Development on Biodiversity and Ecosystem Conservation in Sabah (SDBEC) intends to upskill the locals to make sure they discover something by themselves," Suzuki smiled.

Scientific basis to teach Sabahans how to improve relationship with their environment

This writer suggests Malaysians in Sabah especially decision-making politicians take a serious interest on SDBEC because it is very instructive on how the Japanese look at sustainable development and particularly, the way they take a careful bottom-up end-to-end approach to achieve a desired outcome, where human relate to the environment as a friend.

What is SDBEC?

As Suzuki explained it – a pilot project in livelihood improvement in the Crocker Range Biosphere Reserve, within a time frame from July 2013 to 2017.

Few people realised that the Unesco had designated Crocker Range Biosphere Reserve under its 1971 Man & Biosphere Program – an intergovernmental scientific program that aims to establish a scientific basis for the improvement of relationship between people and their environments. It proposes interdisciplinary research, demonstration and training in natural resources management.

The core zone of this Crocker man & biosphere reserve is 144,492 hectares, the buffer zone – 60,313ha and the Transition Zone is 145,779 hectares, says Suzuki.

Kg Tudan is part of the minority buffer zone which is critical to guard the integrity of the core zone.

Hence how the Tudan folk behave and relate to their core zone environment is the key to the permanent protection of the 139,919ha Crocker Range Park established in 1984 as the water catchment to serve the future water needs of Sabah's West Coast.

The key implementation partners of SDBEC are the Sabah, Federal Governments and Japan International Co-operation Agency (Jica) and so it is a joint technical co-operation to push for an understanding and practice of sustainable development.

Given decades of recurring destructive relationship between man and environments in Sabah, I really believe that the SDBEC is one project Japan is helping to open the eyes of all Malaysians, politicians and bureaucrats in Sabah on how to improve on its festering environmental degradation problem.

The best part – bottom-up approach

The best part?

Instead if a top down – leader or government knows best approach, the SDBEC pilot project takes a bottom-up approach to first find out what people on the ground actually want and need to use, before swinging in a project into action with all kinds of deleterious environmental and people casualties.

Suzuki said JICA-SDBEC will implement this process.

The execution of SDBEC to secure livelihood improvement will be a community-based conservation through agricultural improvement; resource management and environmental education by close collaboration between local authorities and various other stakeholders, Suzuki said.

The bottom-up process Jica uses probably is the best bet to ensure a high Happiness Index from development.

First phase – Preparation stage – do a baseline survey.

Second phase – Consultation stage

Third – Integration stage.

● See Page 11

Drone to map land use for Kg Tudan

BELIEVE it or not, a whole group of engineers and technicians came all the way from FRS Corporation, Japan, led by Chief engineer, Kiyoshi Irie, and flew for two hours an unmanned aerial vehicle over Kg Tudan. This first ever, historic drone flight over this remote hamlet drew out the entire population of SK Tudan from their classes to watch the aerial spectacle.

"They took 3-dimensional pictures of Kg Tudan from the air which are very useful for our land use planning, especially mapping for the Participatory 3-Dimensional Model," Suzuki said.

"It's very interesting technology, very useful for developing land use maps, community profile and the Participatory 3Dimensional Model as well," Suzuki said.

"So we do have such technology from a Japanese company which is very helpful and I am trying to work with them how to work with the Sabah Government," Suzuki said. – Kan Yaw Chong

Jica's operation centre in Kg Tudan.

Above and below: Cheerful women return home from farm in the evening.

Kg Tudan Village head Golonius Gidin showing multiple cobs of organic glutinous corn on shoulder high plant.

2014年4月13日に掲載された新聞記事（Daily Express）

1

環境や資源を知る、守る、持続的に利用する

自然を守ること――保護区の設置

サバ州があるボルネオ島は、陸域はオランウータンやアジアゾウ、海域はサンゴ礁といった貴重で多様な動植物が生息する楽園である。この貴重で希少な自然は観光資源でもあり、サバ州にとって大きな収入源となっている。国の財政源でもある自然を守るための政策手段としてわかりやすいのが、保護区の設置である。一定の土地を線で囲んで、その利用を制限することである。人間は絶対に利用してはだめ、ある程度なら利用してもいい、といった具合に利用度合いを制限するものである。

サバ州は木材輸出で経済を発展させてきた。1973年には木材世界市場の約20%をサバ州の木材が占めていた。1979年頃にはサバ州の財源の75%が木材輸出によるものであった。木材の主な輸出先は日本であった。当時、経済成長が著しかった日本は、木材の家具や住宅を好み、熱帯地域から大量の木材を輸入していた。日本とサバ州の関係は深い。しかし、過剰な森林伐採と国際的な木材商品価値の減少は、木材輸出産業の衰退をもたらした。1970年代前半にはサバ州全土の約86%が森林であったが、2000年代になると約50%にまで落ち込んだ。サバ州の国内総生産のうち林業が占める割合もたった4%にまでなった。

森林の減少は木材産業の衰退だけではなく、観光業にも大きな影響を与えた。動植物の生息環境が壊されていくためだ。このような状況を憂慮し、過去を反省し、今後の持続的な発展のためにサバ州政府は自然保護に力を入れていくことになる。その政策の中心が保護区政策である。サバ州には2014年時点で、

約360万ヘクタール（ちょうど台湾の面積と同程度）の森林があり、実にサバ州陸域全体の約49.1%を占めている。サバ州の森林は大きく下表のように機能・用途ごとに7区分に分類される。

区分	機能・目的
保護林（Protection）	気候調節や土壌形成のために保護すべき森林
商業林（Commercial）	商業目的（木材供給）に利用する森林
国内産業林（Domestic）	国内消費用に利用する森林
アメニティー（Amenity）	国内のアメニティー目的に利用する森林
マングローブ林（Mangrove）	マングローブ林
原生林（Virgin Jungle）	研究目的の森林
野生生物保護林（Wildlife）	野生生物保護のための森林

出典：Fact Sheets of Forest Reserves in Sabah(2015), Sabah Forestry Department

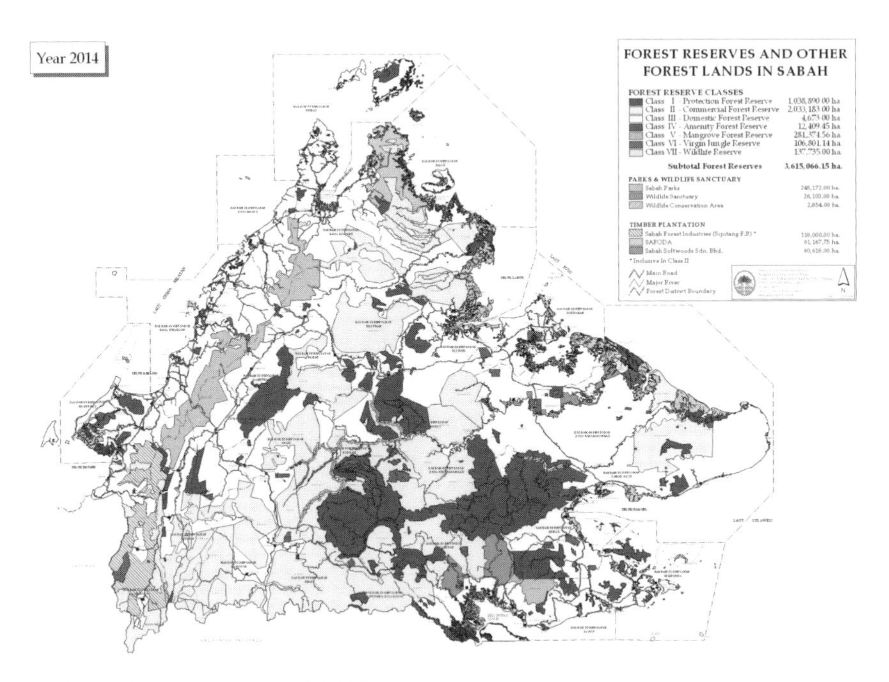

サバ州の土地利用（サバ州政府提供）

網のかかった地域は資源や土地の利用に何らかの規制がある地域である

この他にも、公園局管轄の保護区（Sabah Park）が約24.5万ヘクタール、野生生物局管轄の保護区が約3万ヘクタールある。また、保護区ではないが、民間企業等外部に管理を委託し商業用に利用する森林が約12万ヘクタールある。ざっと計算すると、陸域面積の50%強が何らかの利用制限が課せられている。地図を見れば一目瞭然である。網のかかった場所が何らの利用制限があるところである。何もない白い場所は主にサバ州北西部の山岳地帯、東部の湿地帯である。

国際市場と土地利用

現在の時代はグローバリゼーションによる国際競争の時代である。国際競争の拡大と人口の増加は農業生産性向上のニーズにつながり、石油や石炭に依存した社会を作り、結果として大量のエネルギーを消費する社会である。農業も単一産物生産農業（モノカルチャー農業）が盛んに行われるようになり、化学肥料等の大量投入と土地の劣化が深刻となる。世界規模での食料安全保障、限られた土地の持続的な管理、エネルギーの自給が大きな課題となっている。

マレーシアのサバ州も同じような課題を抱えている。言及したように、陸域の大半は何らかの利用制限がある。陸域面積の50%強に何らかの利用制限があると言及したが、最近ではオイルパームの大規模プランテーションが行われている。東部の湿地帯には一面にオイルパームプランテーションが広がっている。その隙間を縫うように森林があるわけだが、動物の住処がどんどん狭くなっているのである。オイルパーム産業は大規模な農地を企業として経営し、単一の作物を商品として栽培する方式である。画一的な栽培技術を広い面積に適応し、大規模な加工場や大型トラックなどの輸送システムと販路が必要である。パームオイル生産に化石燃料を大量に消費する産業である。西側の山岳地域でも山を切り開きパームオイル園になったり、個人農家でも栽培されるようになっている。野菜よりも高く売れるからだ。所狭しとオイルパームである。今ではサバ州のいちばんの稼ぎとなっているオイルパーム産業。サバ州全土の20%近くがオイルパームのプランテーションである。

一面に広がるオイルパームプランテーション

サバ州は2000年から2010年の10年間の平均人口増加率は2.1％である。人口は増え、保護区やオイルパームプランテーション以外の土地は極めて限られている。食料の安定的な確保はどうなるのか。限られた土地を持続的に管理し、世界有数の観光資源でもある自然環境の保全と農業生産による食料安全保障の両立が必要である。サバ州ではこの両立が可能なのか？　少し前に話題になった書籍に『里山資本主義』というものがある。この問いに対して、この書籍には多くの示唆が掲載されている。21世紀のエネルギー革命は山里から始まる、石油に代わる燃料がある、エネルギーを外から買うとグローバル化の影響は免れない、1960年代までエネルギーはみんな山から来ていた、山を中心に再びお金が回り、雇用と所得が生まれた、打倒！　化石燃料、里山資本主義は安全保障と地域経済の自立をもたらす、などである。

サバ州の食料事情

サバ州のどこの市場にいっても色とりどりの野菜と果物が並んでいる。熱帯産のバナナ、マンゴー、パパイヤは手ごろな値段で売っており、観光客にも好評だ。しかし、これら野菜や果物がどこからきたのかは結構知らないひとが多い。みんなサバ産だと思っているひともいる。事実そんなことはない。私は、サバ州でどのような食料がどれくらい生産されているかを統計資料を基に調べてみた。2010年のデータが整備されていたので、このデータを用いて分析したところ、サバ州全体のエネルギーベースの食料自給率は約46.4%であった。ちなみに日本は40%弱と言われていた。サバ州は年々人口が増加しており、これに伴い住宅地が年々拡大していた。また、すでに説明のとおりオイルパーム産業の発展により、オイルパームプランテーションも年々拡大している。つまり、食料を生産する場所が年々減っているのである。そこで、今後も年間2%の割合で人口が増加する場合と人口増加に加え稲作地域が年間5%減少する場合の2パターンを想定し、食料自給率を計算した。結果は、前者は45.5%、後者は44.5%であった。簡単な計算ではあるが、今後、人口が増えて農地面積が減少していくと食料自給率は減少していくことを示した。こうやって具体的なシナリオをもって数字で提示していくと結構説得力があるものになる。

また、この分析はサバ州の24郡を対象に実施したのだが、サバ州の東部では自給率が1%にも満たない郡があった。これは、土地の多くがオイルパームプランテーションか保護区になっているために農業生産の場所がないことに起因する。また、100%を超えた郡はすべて西・北西部の山岳地帯とその麓の地域であった。これは、サバ州の都市（首都のコタキナバルや第2の都市サンダカンなど）への食料供給地が西側の山岳地域であることを示している。

一つ輪をかけて厄介なことがある。サバ州の食料には化学薬品や有害物質が含まれていることがあるということだ。ときどき、現地の報道で研究者の研究結果として「汚染された食料」が周知される。外国から輸入されているものも多くあるらしい。食料の量だけではなく、その質も問題なのである。

サバ州の現在のプランテーション産業の発展や人口増加等を考慮すると食料保障は喫緊の課題であり、単純に考えれば食料産地の面積を拡大するか、あるいは単位面積あたりの収量を向上させることが必要である。しかし、利用規制やオイルパーム産業の急速な発展のなか、面積の拡大は難しいだろう。また、単位面積あたりの収量をあげるには、技術開発や資機材の投入、また化学肥料の使用増加などが必要であろう。簡単なことではない。

また、サバ州は外部からの輸入に食料を依存する傾向が大きくなっているが、近年外国産の食品の汚染が問題になっている。国内産でも化学物質・農薬などによる食品の安全性が懸念されている。今後は安全・安心な食料の確保が重要である。無農薬・減農薬の食品が求められるようになると思われる。

サバ州の地方部では、農業が主産業である村落が多く存在する。特に、保護区周辺地域にある村落では、綺麗な環境を活かした新鮮な野菜作りを伝統的に実施している村落も多い。本書で紹介したTudan村がその一つである。今後は、このような農村を安全安心な食料を安定的に供給できる拠点と位置付けた開発計画の作成・政策支援が必要ではないだろうか。農村地域の貧困削減にも貢献するはずだ。サバ州は食料の生産と消費のあり方を見つめなおす時期にある。このことは、サバ州に限らず世界的な規模でも同じである。

有望なバイオマスエネルギー――ラビットリミット

石油や石炭にとって代わるエネルギーとして再生可能エネルギーがある。エネルギー源として永続的に利用することができるもので、太陽光、風力、水力、地熱、太陽熱、大気中の熱、その他の自然界にある熱、バイオマスなどがある。再生可能エネルギーは、資源が枯渇せず繰り返し使え、発電時や熱利用時に地球温暖化の原因となる二酸化炭素をほとんど排出しない優れたエネルギーとされている。このうち、バイオマスエネルギーは今後の有望なエネルギーと言われている。経済産業省資源エネルギー庁によると、その理由は概ね次のとおりである。

1. 地球温暖化対策

光合成によりCO_2を吸収して成長するバイオマス資源を燃料とした発電は、温室効果ガスの規制に関する国際的な取り決めのなかでは、二酸化炭素を排出しないとされている。

2. 循環型社会を構築

未活用の廃棄物を燃料とするバイオマス発電は、廃棄物の再利用や減少につながり、循環型社会構築に大きく寄与する。

3. 農山漁村の活性化

家畜排泄物、稲ワラ、林地残材など、国内の農産漁村に存在するバイオマス資源を利活用することにより、農産漁村の自然循環環境機能を維持増進し、その持続的発展を図ることが可能となる。

4. 地域環境の改善

家畜排泄物や生ゴミなど、捨てていたものを資源として活用することで、地域環境の改善に貢献できる。

その一方で、課題もないわけではない。発電のためのコストが高い、発電効率が悪い、資源が広い地域に分散しているため、収集・運搬・管理にコストやエネルギーが必要、などである。

上記以外でもう一つ優位性を示すポイントがある。それはラビットリミットと言われるエネルギー効率である。北米での狩りの話であるが、食糧としてウサギを追いかけていた。ウサギはすばしっこいのでなかなかつかまらない。ウサギを捕まえて、ウサギから得るエネルギーと、ウサギを捕まえるためのエネルギーが同じならば、ひとは生きていけない。こういう話である（Folke Günther 2004）。エネルギー産出、施設建設・維持・補修・廃棄、エネルギー搬送等、エネルギー利用の全体の効率を考慮し、社会に産み出されるエネルギーとその活動に投入するエネルギー総和の比が1を超えないエネルギー生産・利用は持続的とは言えないのである。この考えに基づけば、太陽エネルギーを始めとする自然エネルギーの利用が今後増々重要視されていくはずである。限られた地域に偏在し、その採取に高度な巨大技術と多額の投資を要する化石燃料と異なり、自然エネルギーは本質的に希薄な密度で広がっており、地域のニーズに沿ったエネルギー供給とひとびとへの公平な富の分配、雇用の創出を現実化する小規模分散型の社会システムの構築を可能とする。

実際に、石油のエネルギー効率は1930年頃は100あったものが2000年頃には10にまで減少している。これは1の投入に対して100のエネルギーを石油から得ることができたものが、10にまで減少したことを意味する。もっとわかりやすくいうと、昔は、油田を少し掘れば簡単に原油が採れていたものが、今では最新の機械を遠くから運んで油田の地中深くまで掘らないと原油が見つからないというものである。同じ量の原油を確保するのに大量のエネルギーが必要というものである。逆に、バイオマスエネルギーは、この数字が10を超えている。つまり、バイオマスエネルギーはエネルギー効率が極めてよいエネルギーなのである。なお、この考えに基づけは原子力発電が如何に効率の悪いものかがわかる。原発に明るい将来はないのである。

日本の小型原発一基分に相当するバイオマスエネルギー

オイルパームの実を見たことがあるだろうか。大きなトゲトゲした実が木の上になっている。それを大きな鉈のようなものでもぎ落とし工場に運ばれる。パームオイルというのはこの実のなかにあって、実から絞り出した油がパームオイルとなって日本を含む世界中に運ばれていく。

オイルパームの実約10,000キログラムから約2,100キログラムのオイルが採れる。残りは実の殻や粉末である。ここで問題になるのが、オイルを採る過程で生じたこれら殻などの物質や実がなっていたオイルパームの木である。オイルしか注目がされないが、オイル以外のものはゴミなのか？

答えはノーである。貴重なバイオマス資源である。これを具体的な数字で証明したい。難しいことではあるが、私はこの課題に挑んでみた。私は、サバ州の政府発行統計、報告書、論文等と関係者への個別インタビューを通じて、関連する情報を集めた。そして、サバ州のバイオマスエネルギーを計算した。対象としたバイオマスエネルギーは、オイルパーム、ココナッツの殻、米のもみ

オイルパーム集積場

オイルパームの実

殻、家畜の糞、森林由来のものである。オイルパームについては、オイル精製の過程で生じるさまざまな物質を対象とした。

分析の結果、サバ州のバイオマスの潜在的エネルギーは年間あたり約２億６千７百万ギガジュールであった。このうち、全体の98.7%がオイルパーム由来のバイオマスエネルギーであった。この数字だけではピンとこないかもしれない。もう少しだけ解説すると、このオイルパーム由来のバイオマスエネルギーは、発電効率25%のバイオマス発電を年間稼働時間8000時間で稼働した場合の発電能力に相当し、さらにわかりやすく言うと日本の小型原発一基分に相当する。これはサバ州の2010年の供給電力の約90%に相当するものである。如何に大きなエネルギーが潜在しているのかがわかると思う。

ときどき誤解をされることがあるが、このエネルギーはあくまで潜在的なものであり、100%利用できるかはわからない。どこまで利用できるかは、私たち次第である。技術開発によるエネルギー有効利用、バイオマスエネルギーを活用した新しい産業の創出、国際間のバイオマスエネルギーの取引など、多くの可能性を秘めている。今後は、膨大なバイオマスエネルギーのポテンシャルを如何に有効に活用するかということである。サバ州の場合、東部地域に広大なオイルパームが存在する。この地域の将来の開発を考えた場合、オイルパーム由来のバイオマスエネルギーの有効活用が地域の開発に大きく貢献することが期待される。オイルパーム由来のバイオマスエネルギーの活用は、サバ州のみならず、マレーシア全体、ひいては全世界の環境保全政策とエネルギー政策にも貢献するものである。

ローカルレベルのエネルギー事情

サバ州全体のバイオマスエネルギーの潜在性がわかった。次は、もっとローカルなレベルでのエネルギー事情を調べてみた。Tudan村である。Tudan村のエネルギー消費構造を調べてみた。電気、ガス、ガソリン、石油（ディーゼル）、薪木であった。このうち、約半分がガソリンであった。これは、全世帯ではないが、車両を保有する世帯は、子どもの送り迎え、市場での野菜売買、通院などで車両を利用するからである。ガソリンの次が石油、その次が薪であった。森林に囲まれたTudan村では、昔から薪を使った生活があり、今でも実践されている。しかし、都市との交流が多くなると、薪に変わり石油の使用が多くなっているのである。

次に、Tudan村の潜在的なバイオマスエネルギーを調べてみた。米のもみ殻、家畜の糞、森林である。ちなみにTudan村にはオイルパームはない。調査の結果、Tudan村の潜在的なバイオマスエネルギーは消費エネルギーの74%に相当することがわかった。つまり、村にあるバイオマス資源をうまく使えば、最大74%相当を賄う潜在性がある。Tudan村の規模で十分な量のエネルギーが潜在的に存在するという事実は看過できない。技術開発や政策面で革新的なことが起きれば、エネルギー自立型の村落が現実味を帯びてくるのである。

オイルパームの殻を使った建築

温室効果ガス抑制の動きは建築分野でも盛んである。コンクリートや鉄筋の建築は、その過程で温室効果ガスをたくさん出すからよくないという報告はきいたことがあると思う。半面、木造建築は、鉄骨プレハブや鉄筋コンクリートの家に比べ、成長過程において多くの二酸化炭素を吸収した木を使うことは、木材になってからも炭素を固定（貯蔵）し続けるということで、気候変動対策の上でもよいとされる。

Tudan村内の家屋を調べてみた。Tudna村には鉄筋製の家屋はなかった。伝統的に、木材、竹、レンガを好む。35の家を調べたところ、通常の木造が13、木材とレンガの混合が8、木材と竹の混合が6、レンガ造りが6、その他不明が2という結果であった。

実はここに驚きの事実があった。Tudan村のレンガにはオイルパームの殻が使用されているのである。Tudan村にはオイルパームはない。レンガは通常、粘土、砂、泥などを混ぜて窯などで焼いて作るが、レンガを好むTudan村の住民は、近郊の村からオイルパームの殻を調達してレンガの材料に混ぜるらしい。なぜこのようなことをするようになったのかはわからない。Tudan村の住宅事情を炭素換算してお金の価値に置き換えてみた。その結果は、約860万円であった。これだけ温室効果削減に貢献している計算になる。

Tudan村の伝統的な住宅様式が気候変動対策に貢献しているという事実は大きい。村人にはあまりその認識がないのであるが、伝統的なものの価値がここでも評価されるはずである。しかも、オイルパームの殻というバイオマス資源を活用していることは特記すべきである。私も世界中すべてのことを知っているわけではないが、このような村は聞いたことがない。気候変動対策、バイオマス資源の活用による循環型社会の構築、地域環境の保全、といったいろいろな貢献がこの小さい村で実践されているのである。もっと多くのひとにこの事実を知ってほしい。

自然資本の経済的価値

自然がもたらすさまざまなものの大切さは十分に認識していても、インフラ建設、金融問題、経済問題などが優先されてしまい、環境の保全は後回しになってしまうということに遭遇したことはないだろうか。緊急性があって、短期間で目に見える成果が出る事業が優先されることに理解はできる。木は植えても成長するまでに10年、20年とかかることもあるし、温室効果ガスは目に見えない。

人間の生活にとって不可欠である水、食料、エネルギー、薬、衣服等は自然がもたらすものであり、農林水産業はもちろん、建設業、鉱業、観光業等多くの産業も自然の恩恵がないと成り立たないこと、そして自然の消失が続けば、こうした自然がもたらす恩恵にあずかれなくなり、人間社会そのものの存続が危ぶまれる可能性もあるのである。自然がもたらすものは人類の生存基盤なのである。

では、この人類の生存基盤をもっと認識してもらうにはどうすればいいか。啓発活動、教育も重要であるが、経済的手法というものもある。要は、経済価値に置き換えて、自然がもたらすものの経済的な価値を適切に評価すればいいのである。自然の価値をできるだけ定量的に評価し、それが失われた場合の経済的損失の規模を客観的な数字で算出し、政策関係者や地域の住民に伝えることが、自然の保全を優先度の高い社会問題として位置付けることにつながるのである。

サバ州の行政官でいちばん偉い職位が官房長である。官房長に会った際に一度言われたことがある。「サバ州はいろいろな問題が多い。自然環境の保全はちっぽけな問題である」こう言われたことは今でもはっきりと覚えている。念のため断っておきたいが、実際に官房長は自然環境の保全を重要と思っていないわけではなく、緊急課題があまりにも多すぎるのである。外部からの違法滞在者も多く、パームオイルの価格があーだこーだ、等々説明があったのである。官房長はいろいろな悩みを抱えている。官房長に何かわかりやすく説明することはできないだろうか、そんな気持ちもあって、Tudan 村の自然の価値を見える化することを試みた。経済的な価値に換算することである。日本の事例に倣って、森林と農耕地の公益的機能に着目した。具体的には、化石燃料代替効果、洪水緩和・防水機能、水資源貯留機能、温暖化効果ガス排出（家畜の飼養に伴うメタン排出）、土壌崩壊防止機能である。細かい数字を聞き取り、必死になって計算してみた。詳細の紹介はここでは省略せざるを得ないが、洪水緩和・防止、土砂崩壊防止機能の年間評価額は日本円で約 9 億円と見積もることができた。これは、土砂防止のために竹を植林する、あるいは土砂に石を段々に敷いて表層崩壊を防ぐといった伝統的な対策がこれだけの金額として評価できたことになる。先に紹介した木造建築による化石燃料代替効果も経済評価の一つであり、またマルベリーや蜂蜜からの収益も物質生産機能として経済評価できるのである。さらに、私は実施できなかったが、Tudan 村で竹炭の利用が進めばその炭素蓄積機能や、化学肥料を使用しない農業、焼畑農業も価値換算が可能である。

経済換算した結果を住民や官房長に伝えた。Tudan 村のひとたちからは、自分たちの伝統的な生活が実は大きな価値があることを認識し、誇りに思いたいとの発言があった。小さな村の伝統的な生活実践の価値を見直すきっかけにはなったと思っている。

何でも貨幣換算することに違和感を覚えるひともいると思う。実際に私もその一人である。お金に換算できない価値もたくさんある。また、ひとびとの認識を変えるためにお金に換算しないといけないというのも素直に受け入れられないかもしれない。人間ってそんなものではないと思う。その一方で、いろいろな選択肢があって、最適解を求められるような場合に、経済的な手法が一つの基準のようなものを提示し、適切な選択を助けることにつながればいいと思っている。ローカルに目を向ければ、脈々と継承してきた伝統的なものに新しい価値を付加し、その発展的な継承に貢献することに経済的な手法が役立つことを願うばかりである。

環境保全のための国際的な経済的手法

環境保全のための国際的な枠組みは多く存在する。国際的な枠組みの一つに認証制度というものがある。第三者機関が「この商品は問題ありません」といったお墨付きをつけることで、消費者が安全・安心を認識することができる。森林についても森林認証制度がある。マレーシアサバ州では、2013 年末の時点で、863,762 ヘクタール（広島県を少し大きくした面積）の森林が森林管理協議会や法順守検証などの何らかの認証を受けており、サバ州で産出される木材に対して認証制度を適用する試みが続いている。この取り組みにより、サバ州から搬出される木材は違法伐採されたものではなく、政府が適正に管理し品質保証を行っているものとして国際社会からの信用を取り付けることにつながる。

昨今の森林と気候変動対策の世界的な取り組みの一つにREDD+（途上国における森林減少・劣化に由来する排出の削減等）なるものがある。REDD+ とは英語名の頭文字をとったものでレッドプラスとよぶ。森林は光合成により大気中の二酸化炭素を吸収する。森林の保全や植林は温室効果ガスの削減に貢献する。レッドプラスは森林保全や植林を行い、その実現削減量に見合う資金を開発途上国が国際開発資金や排出権取引で得る国際的な仕組みである。温室効果ガスの削減量が大きければ大きいほど得ることができるお金は多い。

サバ州森林局は2000 年代からの森林に蓄積されている炭素見積もりと排出のリスクのある炭素量の見積もりを行っており、2009 年にはサバ州の 360 万ヘクタールの森林が有する炭素ポテンシャルが5億6,600万トンで、28億米ドルの価値に相当すると試算している。とてつもなく大きな数字である。森林を守るための経済的なインセンティブであるレッドプラスは人間の意識を変え、行動変容するための有効な手段である。

同時に、このような大きな国際市場の参入、巨額な資金の流れは、地域の住民に一定の影響をおよぼすことがあるかもしれない。開発途上国の村落には経済的に貧困とされる地域が多い。そしてそのような住民のなかには森林資源に依存した生活を実践しており、森林資源以外の生計手段の選択肢は少ない人もいる。レッドプラスといったものが地域社会に迫ってきたときに、地域住民にはレッドプラスから得ることができる利益は分配されるのか？　また分配された場合、その利益は正当なものであるのか？　さらに、地域住民は森林資源を継続して使用できるか？　地域住民は国際的な市場の動向に関する情報を自ら収集することも難しい。国際的な事業に参加することも難しい。貧困とは経済的な視点だけの概念ではない。必要な情報にアクセスできない、社会的な事業に参加する機会が与えられないことも貧困である。国際的な事業が地域の住民をますます貧困にすることはあってはいけない。地域住民の目線・立場に立った事業の実施、そのためには地域住民の声に耳を傾け対話を行うことである。経済的な手法は環境保全のために有効である。グローバルスタンダードを追求するあまり、ローカルな視点が欠けてしまうことのないように、国際的な枠組みを地域社会のために活用する視点と行動が重要である。

持続可能な開発のための教育――think globally, act locally

Tudan村で実践したP3DMは参加者間で現実の課題と向き合い、課題解決のための行動を起こすことを醸成する場であった。また、地域の自然・文化・歴史を掘り下げ、参加型の学びを通じた地域づくりへの参加意欲を高めることにもつながった。

持続可能な開発のための教育（ESD：Education for Sustainable Development）というものがある。文部科学省によると、ESDは現代社会の課題を自らの問題として捉え、身近なところから取り組む（think globally, act locally）ことにより、それらの課題の解決につながる新たな価値観や行動を生み出すこと、そしてそれによって持続可能な社会を創造していくことを目指す学習や活動と言われている。ESDにはいくつかの特性があるが、そのうち、「現実的課題に対する取組の体験」「地域への根ざし」「地域と世界のつながり」「多様な立場の人々の学びあい」というものがある。このようなESDの特性はTudan村でのP3DM活動においても確認することができた。

持続可能な開発を進めるには、地球規模の事象と地域レベルの事象の双方を考えることが必要である。地球規模の事象が地域におよぼす影響、反対に地域レベルの問題が地球規模にまで発展していく潜在性や危険性を認識すること等である。遠い国の問題に思えることも自らの暮らしと密接につながっていると認識することにESDは意味を持っている。地域固有の課題を深く掘り下げれば、地域から世界にまで広がる差異と共通を見てとれる学びとなるのである（木俣2014）。Tudan村では、P3DMの過程で気候変動に対する懸念が共有された。この村では、90年代にエルニーニョを経験しており、村から蜂がいなくなり伝統的な養蜂活動ができなかった苦い経験を有していることを紹介したが、気候変動は地球規模の事象で、どこか遠い場所で起こっているものと思われがちである。しかし、不確実性のある将来リスクではなく、今現在確実に起こっている事象ということを村人は生活実感として認識しているのである。

P3DMの特徴として過去・現在・未来をつなぐ点がある。Tudan村でのP3DMの実践では、年配者と若者のコミュニケーションの促進と相互理解が確認された。このことは、傾斜地農業などの伝統技術と知識や、村落内にあるお墓などの古い歴史・文化を後世に伝える重要な役割を担ったと言える。「学びで未来を創造する」のである（村山2014）。年配者と若者の相互の学びで村の将来像を議論し、年配者は伝統的な技術と知識を後世に伝えるという責任、若者はそれら技術や知識をしっかりと継承するという責任という世代間の責任感を育むことにつながった。持続可能な社会を構築する上でTudan村という小さな場所で実践されたP3DMから学ぶことは多いのである。

ポリシーミックスのススメ

日本は第四次環境基本計画（平成24年閣議決定）において、「(国は）自主的取組手法、規制的手法、経済的手法、情報的手法など多様な政策手段を動員して、適宜施策の連携を図り、ポリシーミックスによる対策を推進していく」としている。このうち主な手法は、①資源や土地利用を規制する規制的手法、②環境教育の支援など自主的な管理を促す自主的取組手法、③市場メカニズムを活用する経済的手法の三手法で、これら三つの手法がバランスよく、相互に補完しながら包括的な環境保全の政策を実施することが効果的であるとしている。

保護区とオイルパーム産業を中心とした土地利用規制、森－山－里－川－海をつなぐ環境教育、自然資本に基づく経済的な取り組み、サバ州ではこれら三つが実践・検討されている。今後の課題は、これら三つの取り組みが相互に連携・補完するようなポリシーミックス政策の立案、多種多様な関係者の協働実施体制の構築などであろう。日本の事例から学ぶことも多いと思う。逆に、日本がサバ州の実践から学ぶこともあるだろう。二か国の独自な取り組みは、二か国の問題解決に貢献するだけでなく、他の国・地域にとっても有用な知見と経験が蓄積されている。日本もマレーシアサバ州も、持続可能な社会構築のためのモデルになってほしいと思う。

2
地域での実践と多様な価値観

新しい価値観の創出――Tudan 村での P3DM 活動からの学び

地域開発計画作成等の事業においては、市町村といった自治体の組織力が問われる。組織のなかに新しい風を吹き込み、組織の血肉に変え、組織を運営していく自治能力が必要である。内外にある情報を意味のある知識に変え、伝統的なものを残しつつ、時代にあった新しい価値観の創造が必要である。

Tudan 村で実践した P3DM では、三次元モデルの作成過程で、個々の参加者の持つ知識や自然・村に対する思いなどが共感され、それら個々人の知識と既存の知識が結合され、具体的な三次元モデルという形で表現された。そして、それは具体的な村の将来構想の作成につながった。個々人の「暗黙知」を共通体験によって互いに共感し、その共通の体験によって「暗黙知」から明示的な言葉や図で表現された「形式知」としての概念（コンセプト）ができ上がったのである。P3DM は単に情報を共有する場ではなく、参加者が価値を生み出す場、知識を創造する場として機能した。今後は、将来計画の実施を通じて、政府機関や企業等、外部からの参加者も得ながら、知識創造が繰り返し実践されることを期待したい。

グローバルとローカルの視点――地域のアイデンティティ

地域の資源を有効に活用して地域創生を行う場合、その資源を価値化することがあるが、その価値は、見方、見る視点でいろいろと異なってくる。世間一般の価値になったもの、独立機関が認証といったお墨付きを与えたもの、地域のひとは気づいていないもの、などなど多様である。

以下の図は外部者と当事者（地域住民）の「認識」と地域資源を簡単に類型化したものである。

	地域住民が認識している	地域住民は認識していない
外部者に認識されている	①	②
外部者は認識していない	③	④

地域資源・地域アイデンティティの類型

①の資源は内外によく知られているものである。

②の資源は、地域のひとは認識していないのに外部者が何らかの価値を見出す資源である。外部者が「あ！　これいいね！」といったものだろう。この場合、地域のひとは今まで特に意識をしていなかった資源を意識するようになり、それが新しい文化や自分事になったりと新しい価値を創出することが期待される。

③の資源は、地域のひとだけが自分の資源あるいはアイデンティティとして考えているものであり、この資源を外部者に理解してもらうことの是非が重要である。外部者の理解が必要なこともあるかもしれない。

④の資源は外部者も地域住民も認識していない資源である。未来永劫その価値の存在がわからないものもあるかもしれないし、村落社会が外部と交流した場合に、その価値が見える化され、内外の関係者に認識されるかもしれない、そんな可能性を持った資源である。

Tudan 村の養蜂は、伝統を残したい住民の気持ちと少しでも現金収入を得たい気持ちが錯綜する実践活動であった。外部との接触・交流なくしてこの双方の実現はない。グローバルな価値観とローカルな価値観の交錯のなかで新しい価値観が生まれ、それを継承していくことになるだろう。Tudan 村の事例では、村人の「誇り」×（「他のもの・異質なもの・新しいものへの興味」＋「受容」＋

「開放」）＝「新しい価値の創出」という簡単な公式で表現されるかもしれない。でも実態はそんなに簡単ではない。新しいものに対して閉鎖的な態度を取るのか、開放的になれるのかの分岐点は、村人の誇りの内容によるところが大きい。誘因剤などを導入すれば蜂の数も増えるかもしれない。しかし、そのような新しい技術を村人は好むだろうか。村人のなかには昔ながらの巣箱を捨てて新しい巣箱を設置することを頑なに拒否したものもいた。これは、「雨季は食料がないので蜂はおとなしくしている。だから巣箱を交換したくない」というものだった。外部の人間が思う以上に Tudan 村のひとたちと蜂の関係は濃く強い。

地域開発は、潜在的にその地域にある知、歴史的に蓄積されてきた文化や風土、地域に生きるひとびとに脈々と受け継がれてきた伝統や価値観、といったものに注目することが必要である。特に、地域に住んでいるひとびとの目には見えない「思い」といったものに注目することが重要である。そのような「思い」は地域のアイデンティティにもなるはずである。世界のどの村、どのコミュニティにもたくさんの目に見えない大事なものがあるはずである。

伝統 vs 科学？　――巣箱を巡る新しい展開

本書で紹介した Tudan 村の養蜂において、巣箱を巡るたいへん興味深い議論が観察された。2014 年 7 月 15 日のことであるが、Tudan 村の住民はテノン農業研究所から供与された巣箱を使ってしばらく様子を見ていたが、大きな異変に気付いた。同研究所が配布した巣箱のなかを確認するとなかには、ハエの幼虫の蛆虫（maggot）が繁殖しており（次頁写真）、蜂の生息はほとんど確認できなかった。

村人に確認すると、テノン農業研究所から供与された巣箱は化学的なにおいがする、化学塗料が表面に塗ってあったのでそれが原因ではないか、とのこと。村人はたいへん驚き、同研究所に連絡し、原因を究明することになった。

2015 年 2 月 5 日、テノン農業研究所の見解を確認することができた。彼らの見解は次のとおりであった。

- テノン農業研究所供与の巣箱は化学薬品が塗装されていたから蜂が寄り付かなかったというのは本当ではない。蜂の生息数に比べ、巣箱が大きすぎたのが原因。
- これを解決するには、①巣箱を小さくする（現状、父母・子ども一人の家族が大豪邸に住んでいるようなもの）、②蜂の数を増やす、③箱にパーティションを設ける、の三つの方法が考えられるが、当面は③が妥当。
- Tudan 村は蜂の数が少ない。蜂の生息数を増やすには蜜源植物を増やすことが必要。バナナも十分蜜源植物になりうる。

蛆虫が繁殖した理由の説明はなかったが、テノン農業研究所、Tudan 村の住民で意見交換を実施した。テノン農業研究所から供与された巣箱には新たに蜂が生息しコロニーを作ることは確認できなかったが、2名の村人の試行錯誤の末、蜂を移転できたことが確認できた。テノン農業研究所は巣箱の入り口が大きすぎるのではないかと懸念もしていたが、この時点での関係者が納得した事項は、テノン農業研究所供与の巣箱は広くサバ州でも利用されており、コロニーを壊さずに移転できること、また効率よく蜂蜜の抽出ができることなどの利点があるが、Tudan 村ではテノン農業研究所供与の巣箱は、「捕獲（Trapping）」には不向きであり、「移転」目的に利用するのが妥当ということである。

ハエの幼虫が確認できる

異なる価値観の対立を超えて新しい価値観の創出へ

当初、テノン農業研究所供与の巣箱に蜂が生息しない状況を村人はどう思ったか。「生態学的な知識よりも自分たちの伝統のほうがいいことがわかった」「伝統は科学に勝った」などの意見が確認された。しかし、この機に、村人とテノン農業研究所に大きな変化が生まれた。それは、この危機が双方の更なる学びの機会になったことである。Tudan 村の住民は生態学的な知識や技術の習得に貪欲で、自らテノン農業研究所に諸々照会することになった。今回の件でテノン農業研究所を非難するひとはいなかった。他方、テノン農業研究所の職員も、伝統的なものを積極的に学んで今後に活かしたいと言及した。これまでになかった双方の自発的なコミュニケーションが生まれた。

村人が伝統的なものを再認識し、誇りと自信を持ったことはとてもいいことである。さらにいいことは、異なる価値観がぶつかり、巣箱を超えた新しいものが生まれる兆しが見えてきたことである。物の本には以下のような教訓が記載されている。

- 一見したところ二項対立的に構成されている問題も、そこに至るまでのいろいろな文脈を分析することで、別の形で再構成することが可能である。
- 異なる価値観が衝突した際に、現場での実践を踏まえてそれを解きほぐし、資源的価値、精神的価値、学術的価値といった価値の在り方を新しい軸に設定することで、価値観の再構築を試みることが可能である。

養蜂研修において、Tudan 村の住民からの質問にテノン農業研究所職員が迅速に回答できない状況が確認された。これは、テノン農業研究所が所謂「素人」に対する指導には慣れているが、伝統的な養蜂に関する知識が必ずしも十分ではないことに起因する。したがって、テノン農業研究所も同研究所が勧める養蜂技術に必ずしも従う必要はないことを住民に説明している。テノン農業研究所にとっても、伝統的な養蜂を学ぶ機会になった。テノン農業研究所は

Tudanの伝統的な養蜂とTudan村の住民の養蜂に対する熱意を尊敬していた。

Tudan村で確認されたこの状況を「勝った/負けた」で片付けるのは、状況の一面しかみていない。伝統vs科学の構造ではなく、伝統と科学が融合し、新しいものが生まれる、その新しいものを今後の将来計画の中心軸に据えることが重要である。

土と共に生きる

環境保全型農業といったものをブランド化していくときに、農産物の収量を効率よくあげたいと思うのは自然である。しかし、化学肥料を使用することはできれば避けたい。野菜のように、短時間で生育を促進するためには、即効性窒素成分の確保が重要である。それで、鶏糞・魚発酵液が窒素肥料分も多いため、即効性の効果を出すためには有効である。しかし、鶏糞は、餌由来の抗生物質、ホルモン剤等などの問題が懸念され、将来的な産物の高付加価値化やブランド化を目指すのであれば使用しない方がよい。むしろ、鶏糞よりは化学肥料の方が遙かに安全の場合もあるときいたことがある。

では如何にして窒素肥料成分を増加させるかであるが、土壌改良という手がある。土壌そのものの質をよくすれば栽培する農産物の成長も促進される。しかし、土壌の改良は非常に難しい。しかも時間がかかる。日本も火山灰に覆われ、農業にはどちらかというと不向きな土を長い時間をかけて改良してきた。同じことを途上国で実践しようとなるとそれなりの覚悟がいる。

見方を変えて、土壌そのものを改良するのではなく、土壌表面の改良を行うことが効率的である。Tudan村の土壌は明らかに栄養素が不足していた。カリウム、カルシウム、リンなどである。したがって、コンポストを作成し、土壌に撒く方法を住民に紹介した。貧栄養の場所に多量の化学肥料を投入すると、微生物分解を促進させ有機質土壌を劣化させるだけであり、生産性の高い農業の実践には至らないのである。収量を効率よく向上させるには土壌表面での肥料効率を高めることが効果的である。土壌表面からの栄養供給と根が土壌表面で成長するように空気（酸素）と養分を供給する栽培法である。このために、コンポストやバイオチャーなどの活用による表層の管理を適切に行うことで、さまざまな作物の生育状況を阻害せずに安定して収量を上げることができる。このような農業は、東南アジア地域の熱帯に広く存在する貧栄養の泥炭地でも適用されている。サゴヤシやコーヒー、カカオ栽培が期待される他、食糧安全保障やバイオマスエネルギーといった新しいエネルギーの創出にも貢献するものである。

また表層において水分が流れないようにすることも重要である。水が流れ出ることで、土壌中の腐植酸が流出し土壌表面の劣化が進む。腐植酸は発根、根毛形成促進、鉄キレートの形成により鉄吸収促進（光合成や呼吸等の電子伝達系の活性化）、根圏微生物の活性化（難溶性リンの可給化等）をもたらす。大量の化学肥料を投与すると、腐植の分解を促進し、土壌の劣化を招くことにつながる。

以上から、土壌表層では通気性を確保（酸素供給）しつつ栄養分を供給するために、土壌表面を覆うような工夫が必要である。具体的には、落葉落枝といった自然のものを使用したコンポスト（微生物分解によって腐葉土になる）や竹炭で表層を覆うのがよいとされている（木を燃やした灰はアルカリ性の草木灰となり、酸性土壌を中和する機能も有する）。

自然にあるものを利用――窒素・リンの固定・吸収能力の向上

窒素肥料分を増加させるためのコンポストや竹炭の作り方はわりと簡単である。竹や木質を燃やして炭状にし、食品・作物残渣や枯葉や雑草に混ぜて積み、コンポスト化すればよい。日本の普通の家庭でもコンポストを作っているところも多いと思う。ここでは、窒素肥料成分を増加させるための植物の利用について簡単に紹介しておきたい。Tudan 村でも自生している植物であるが、窒素を固定するマメ科の雑草とリンの吸収力が大きいキク科の雑草をコンポストや竹炭に混ぜるとよい。マメ科雑草は窒素固定能力が高く、キク科雑草は菌根菌との共生力が強く、リン吸収能が高いと言われる。コンポストや竹炭は表層散布して乾燥しやすくなると、窒素固定菌の働きが鈍くなることから、表土に混ぜてやるとよい。

マメ科雑草

キク科雑草

焼畑は悪いのか？

Tudan 村の農家のひとたちは土壌の質を持続的に管理するために、限られた土地を移動しながら耕作を行っている。同じ場所で一定期間土地を使用し続けるのではなく、土地に休息期間を与えている。そしてこの移動耕作には焼畑が伴う。焼畑の一般的な効用であるが、草刈りや草抜きをする手間が半減する他、防虫・害虫除去や土壌改良がある。土壌改良は、草木を燃やしてできた灰はアルカリ性なので酸性化した土壌に浸透することにより中和する作用のことを指すことが多い。Tudan 村では 12 段階で構成される焼畑農業を百年以上実践している。焼畑農業の場合、不適切な火入れで森林火災などが心配される事例が多く確認されているが、Tudan 村の場合、森林火災を防止するために、森林から数メートル離れた場所に火入れを行うことが徹底されている。また、土壌の肥沃を維持するために、焼畑農業を終えた土地は 5 ～ 10 年間間隔を空けて利用する。

焼畑は世界でも日本でも確認できる。しかし、「焼畑は環境破壊・健康破壊」とする主張も根強い。火入れの後始末が完全でなかったために森林を破壊する、森林火災を起こす、また煙は人間の健康に害をおよぼす他、煙に有害物質が含まれていれば大気汚染にもなる。このような主張であろう。また、焼畑の間隔が短い場合、土が休憩する時間が不十分となって土の劣化につながり、結果として不毛な土地だけが残るといった問題も指摘されている。しかし、Tudan村の焼畑はこれらの主張をすべて跳ね返すものである。

サバ州の農業局が実施した土壌調査では、Tudan村は、急な傾斜地が多く、村全体の約27％という極めて限定的な場所しか農業に適していないことがわかった。しかし、Tudan村のひとたちは限られた土地を有効に活用している。この村の伝統的な焼畑農業が、地球規模の気候変動対策に貢献する可能性を秘めているとは想像もしていなかった。

焼畑の様子

驚愕の発見――黒土の正体

Tudan村の農家のひとは焼畑をした数年後の土地に、米や野菜を植える際にその場所を足で探す。この時にある草に着目する。その草は、土地の肥沃度を表すものである。この草がある場所は土がよい、この草の場合には土の質が悪い、といった具合である。よい場所は土が柔らかい。この感覚は外国人でたまたま村にきた私のような人間にはまずわからない。もちろん草の区別もつかない。足で踏んで柔らかい場所の土が「よい」ということである。Tudan村の農家のひとはこの柔らかい場所に野菜を植えたりしている。

この柔らかい場所に何があるのか？　とても気になったので村人に許可をいただいて掘らせてもらった。掘ってすぐに気づいたことがあった。それは表層部が黒くなっているのである。日本でも確認できる黒土のようである。日本で販売されている黒土は堆肥や腐葉土を混ぜて作ることが多く、保肥性、保水性、排水性、通気性等に優れており、土壌改良に使用される。この黒土のような土がTudan村に存在しているのである。これは、焼畑により木や竹が燃えて炭になり表層部に蓄積していると思われた。焼畑により竹炭が生成され、土の肥

土が肥沃な場所にある草 *Elephantopus scaber L*

土が肥沃でない場所にある草 *Imperata cylindrica*（L.）P. Beauv

沃に貢献している。Tudan 村の農家のひとは黒土の機能や効能を知らなくても、伝統的な焼畑農業によって黒土のような土を作り、土壌の肥沃を増す農業を代々実践している。驚愕の事実である。焼畑農業は環境に良くないとする論調に大きな示唆を与えるものである。伝統的な知識の再評価が必要と思う。

Tudan 村には、黒土に近い土壌が多く存在している。黒土は化学肥料の使用を抑え、炭素固定を通じた温暖化防止や食料生産性の向上に寄与する。Tudan 村の農家は黒土が農業生産性を向上させていることを伝統的に把握し、草の種類で黒土の場所を見極め、意図的・選択的に黒い土の場所で農業を行ってきたのである。

伝統的な焼畑は環境を劣化させるのではなく、逆に、生態系を保全し、食料自給率向上に寄与し、温室効果ガス抑制にも貢献している。このことは、地域社会のレジリエンスを高めることにも貢献するだろう。

焼畑こそ最も優れた気候変動対策であり、最も環境保全効果が大きい農業かもしれない。限られた土地を伝統的に利用してきた Tudan 村の農業の実践は、マレーシアのみならず世界的にもモデルとなる事例であり、今後の自然とひとの共生を通じた持続的な社会の構築に大きな示唆を与えるものである。

黒土の様子（表層部に黒い土を確認できる）

国際的な最新トレンドと地域事情の大きなギャップ

私がTudan村に最初に足を踏み入れた時に、この村に電気はあるのか？と素朴に思ったものだ。村内を歩いていると、電柱と電線を確認することができた。確かにこの村には電気があると確信した。

マレーシアの貧困地域では電気事情が必ずしもよくない。当然政府が何らかの援助を行うことになる。またこの援助が少し問題だ。

援助は何かと世界のトレンドを意識する。そのトレンドは時に、「最新」とか「革新的」といった冠をつけている。効率性や合理性を重視する。すべてを否定する意図はない。世界のトレンドは決して間違ってはいない。ただ、よくないことは、世界のトレンドがもたらす効能や便益がすべてのひとに届くのか、すべてのひとが公平公正にそれらを享受することができるのか？　という点で

村内の電線の様子

ある。Tudan村では電気にまつわる政府援助がこのいい事例となってしまった。

1997年にTudan村はマレーシア政府から太陽光パネルの設置の支援を受けた。地球環境に優しい再生可能エネルギーの象徴である太陽光エネルギーである。少しでも地球環境にいいもの、そして世界的に化石燃料の利用の見直しがされている中での援助であった。Tudan村の住民の要望など何ら聞くこともなく、この援助は決まったらしい。

結果、Tudan村では太陽光エネルギーの利用は「無理」だった。まず、供与されたソーラーパワーシステムのうち、バッテリーとインバーターが故障した。政府は修理に必要な技術支援や資金援助はしなかった。村人に修理する技術や資金があるはずがない。壊れた機材だけがさみしく村に残った。

故障したのは導入・設置後約8年後ということである。供与されたソーラーパワーシステムの維持管理マニュアルはなく、政府指定のコンサルタントがサポートにきたがそれもたったの一度だけであったと言う。村人によれば、このコンサルタントは多忙とのことであったが、敢えて雑なサービスを行い、以降の維持管理にかかわるビジネスを期待している節もあったのではないかとの批判も村人内にはあったとのことである。

Tudan村のひとたちは現在、発電機を使用している。一日当たり（夜4～5時間程度）の発電作業で、5リンギット（約150円）のガソリンを使用している。村人には決して小さくない費用負担である。マレーシア政府は、発電に関して月当たり20リンギット（約600円）の補助を行う仕組みを整備している。住民はこの仕組みのため電気代が20リンギット以上にならないように節約・節制をしている。しかし、冷蔵庫内の食料の管理など気遣いも多く不便を感じている住民は多い。また当時新しく消費税のようなものが導入されたこともあり、村人の支出負担が全体的に大きくなっていた。

このような状況のなか、村人は村内にある豊富な水と高地にある地形的利点を活かして小水力による発電を検討していたが、インフラ整備などの点で前進しなかった。

Tudan村には稼働しているソーラーパワー機器が二つだけある。教会と小学校にあるものである。家庭に配置されたものはすべて使用されていない。

左：壊れて放置されたソーラーパネル
中：同じく壊れて放置されているインジェクター
右：村内に残されたソーラーパワーシステム

小学校にあるソーラーパワーシステム

民間会社と維持管理契約を締結している

教会にあるソーラーパワーシステムは、住民が共同で使用する教会故に慎重に丁寧に気遣いしながら使用されているが、そもそも使用頻度が低いので故障していないだけである。供与して「はいお終い」の支援は、支援の効果も長続きはせず、何よりも政府に対する不信感と故障して使用されていない機材だけが残ってしまうという残念な結果に終わってしまった。

私はコタキナバルにある電力会社に連絡しTudan村の現状調査を依頼した。先方も関心を持ったのか、怪しい日本人の依頼でビジネスの匂いを感じたのか、なぜかはわからないが無償で調査を実施してくれた。この調査結果は少なからず私にとっては衝撃的な内容であった。

まず、政府が供与した機材は30年前以上の仕様で、現在では修理することは不可能とのこと。供与されたものは決して最新のものではなかった。バッテリーの寿命もせいぜい５年とのことで、バッテリー一つの価格が約1,000リンギット（約30,000円）とのこと。村人が自分たちで新しく調達できる価格ではない。供与されたバッテリーを車に転用した住民もいたらしい。

機材が供与された際には、住民の情報にあったとおりで、政府からの使用方法や留意事項の説明は一切なく、その後のフォローアップもなかったとのこと。この会社によれば、機材供与と機材の維持管理の会社が別会社なので、十分な説明が住民にされなかったとのこと。こんなどうでもいいことは住民にとっては納得いくものではない。

しかも、現状、Tudan村では５世帯が今でも電気がないことがわかった。政府が電線を引いた際に、「予算がない」とのことでこの５世帯が取り残されたらしい。何とも信じられない。最後にこの会社から、この５世帯を優先的に日本でソーラーパワーシステム設置の支援を行ったらいいのではないかとの提案をいただいた。有難いことに見積書までいただいた。概算で購入・設置だけで１世帯当たり10,000リンギット（約30万円）であった。他の住民が使用していないソーラーパワーシステムをこの５世帯に導入する気持ちになれなかった。

愚者は経験に学び、賢者は歴史に学ぶ

初代ドイツ帝国宰相であるオットー・フォン・ビスマルクが遺した名言に「愚者は経験に学び、賢者は歴史に学ぶ」というものがある。自分の経験に依存し過ぎてしまうと成功しないことが多いかもしれない。そんな時は他者が経験したことや、他者が積み上げてきたものから学ぶことが重要である。

伝統的な在来知も科学知も、日々の実践を通じて更新され、変化しているのである。在来知はその固有性に意味があり、科学的な知に劣るものではない。愚者は自分の経験からしか学ばないが、賢者は他人の経験からも学ぶことができるひとであるとビスマルクは言う。Tudan 村の巣箱を巡り、科学的な知と伝統的な知の対立を紹介した。Tudan 村のひとびとは伝統的な知を外部からの影響やモノに柔軟に対応しながら日々更新をしている。サバ州の政府も科学的な知を押し付けるのではなく、伝統的な在来知を尊重しそこから学ぼうとしている。Tudan 村のひともサバ州政府のひとも賢者であったと思う。伝統知と科学知が融合、溶解、統合していくことが新しい価値観を生み出し、将来の持続可能な社会の構築につながっていくはずである。

温故知新という言葉がある。昔のことを研究して、そこから新しい知識や道理を見つけ出すことである。似たような言葉に承前啓後という言葉がある。こちらは、昔から受け継いできた過去のモノを大切に継続し、それを発展させながら将来を開拓していく、という意味である。「前を承け、後を啓く」とも言う。Tudan 村のひとたちは温故知新と承前啓後を実践しているひとたちである。これからの日本を世界を担う若者には、温故知新と承前啓後を実践していく賢者であってほしい。そんな思いを今の若い方々に届けたいと思う。

資源の呪い

サバ州にあるキナバル山は言わずと知れた世界自然遺産である。世界自然遺産は、顕著な普遍的価値を有する地形や地質を有し、生態系、絶滅のおそれのある動植物の生息・生育地などである。この顕著な普遍的価値というところが

重要であり、つまり、世界自然遺産の価値は世界にとって絶対的な唯一無二のものである。

キナバル山には多くの登山客が訪れる。大きな収入源にもなっている。私が通常一緒に仕事をしていた行政関係者や大学関係者はキナバル山に登ったことがあるひとが多かった。たいへん失礼な言い方であるが、お腹がポッコリ出て、どう見ても登山とは無縁と思われるオジサンも「昔登ったよ」と言う。学生時代に、遠足のようなもので半ば強制的に登山したひとも多い。40歳前後以上のサバ州のひとはキナバル山登山の経験があるひとが多いように思う。

その一方で、若者にきいてみるとキナバル山に登ったことがないひとが結構いる。周辺のひとにその理由を聞いてみると、考えられるのは二つ。登山料が高い、そして登山者が多く予約が難しい。予約方法などによって金額には多少の差はあるらしいが、登山に必要な金額は、2015年頃は、マレーシア人で約18,000円、外国人で約54,000円かかると言われていた。荷物を運んでくれるポーターさんが必要な場合や、事前宿泊が必要な場合などは追加経費が必要である。サバ州の若者にとって、18,000円は大金である。2000年以前は、マレーシア人で6,000円、外国人で18,000円程度だったようである。

コタキナバルにある旅行会社の方に話をきく機会があった。その方曰く、キナバル山の麓にあるキナバル国立公園の敷地内やポーリン温泉に行くサバのひとは非常に多いが、最近ではキナバル山に登るサバのひとは本当に少ない、とのことであった。

今の若者がキナバル山をどのように思っているのかはよくわからない。地元の聖地であり、サバ州民族の誇りでもあり、守り神であるはずであるが、その山に登ることが難しい今の若者。今のサバの若者はキナバル山に登りたくても登れないのだろうか。世界遺産は人類共通の遺産である。サバのひとだけのものではない。しかし、今の若者にとってキナバル山が遠い存在になってしまうと、キナバル山の持つ信仰的な意味、文化的な意味といったものが後世に継承されなくなるのではないか。そんな余計なお世話のような心配をしてしまうのである。

資源の呪いというものがある。鉱物や石油など非再生の自然資源が豊富な地域における経済用語である。簡単に言ってしまうと、豊富な資源が経済発展に結びつかないのである。豊かな資源の近くに住んでいる住民が、その資源を利用できないということも含まれていると考えている。キナバル山の登山者の数字だけみれば、クアラルンプールといった半島部から来るマレーシア人もいれば、サバのひとがゼロというわけではない。また、年に数日は地元のひとのみに山が開放される日がある。今のサバ州の若者がその素晴らしい山を体感する機会をなくさないでほしいと思う。余計なお世話かもしれないが。そして、キナバル山は多くのひとに愛される山であってほしいし、地元のひとのキナバル山に対する誇りといったものも外部のひとには感じてほしいと思うのである。世界的で普遍的な価値は、地元の人間にとっても特別な価値である。それは決して地元に呪いをもたらすものではないはずである。

3
いろいろなつながりを考える

本書で紹介した環境教育プログラム REEP（River Environmental Education Programme）は「森－山－里－川－海」という異なる生態系のつながりを理解するために実施した。マレーシアサバ州で生息が確認されるオランウータン。語源はオラン・ウータン（森のひと）らしい。その他、オラン・スンガイ（川のひと）、オラン・ラウト（海のひと）という言葉があるようである。「里」に近いものとしてオラン・ドゥスン（田のひと）があることをある先生に教えていただいた。サバ州らしいつながりの形がうまく表現されている。

ひとと自然の関係を考える時にはいくつかの「つながり」が重要である。

過去－現在－未来をつなぐ――DVD 貸し出し、図書貸し出し

環境倫理学において、現在世代の未来世代への責任として、人間は自然を守る義務があるとする。アメリカにある言い伝えで、次のようなものがある。「We do not inherit the Earth from our Ancestors, we borrow it from our children.」直訳すれば、「私たちはこの地球をご先祖様から引き継いでいるわけではない。私たちは将来の子どもからこの地球を借りているのである」。図書館で本を借りて一部分を破いてしまったら、当然弁償して返却する。DVD レンタルショップで借りたものを破損したら、やはり弁償して新品を返却することに決まっている。そうしないと法によって罰せられることすらある。次に借りるひとが綺麗なものを手にすることができるように、壊したら元のように綺麗にして返すのである。環境保全も同じ考えに基づくはずである。次世代に綺麗な環境を残す、子ども・孫の世代が綺麗な環境を享受できるように責務を

果たす、それができなければ罰を受けることになる。このように考えて、将来世代から借りている環境を壊すことなくお返ししていくのである。

REEP（River Environmental Education Programme）で一つの重要な問題提起がされた。2013年の10月にパパールというクロッカー山脈の麓で実施したREEPではTagal（タガール）と呼ばれるサバ州の伝統的な漁法を参加した子どもたちに紹介した。Tagalは地域住民主体による漁法であり、地域ごとに河川での漁業区域制限、漁業禁止時期の設定等がされている。例えば、厳しい漁業利用規制がある中で、ある一日だけは好きなだけ漁業を行ってもよい。ただし、収穫した魚は地域社会に公平に分配しなければいけないというものである。Tagalは自然と調和した持続的な漁法であり、自然と対峙する地域の知恵が結集された伝統的な漁法で、サバ州内の多くの地域で実践されている。また、第10次マレーシア国家開発計画のなかで、住民参加型資源管理の「よい事例」として紹介されている。

今回実施したREEPで明らかになったことは、参加した子どもたちのうちTagalについて知らなかった子どもが少なからずいたことである。マレーシア全国で「いい事例」として代々継承されてきた伝統的な漁業をなぜ知らないのか？　私はその疑問をサバ州の官房長にぶつけてみた。官房長の回答は、参加した子どもの多くは都市部で生活をしており、農村地域で実践されている漁業に触れる機会がなかったからではないか、ということであった。

現在のグローバリゼーションや市場経済化の潮流は、都市部や農村部に大きな影響を及ぼしている。多くの情報が外部から流入してくる状況も都市や農村のひとびとの価値観に大きな変化を迫っている。サバ州では就労や大学への進学などを目的とし、多くのひと（特に若者）が 農村から都市に移動している。この結果として、農村部では地域の資源や地域社会を護る人材が不足し、環境の維持や地域の発展が大きな課題となっている。

このような状況から伝統的な知識（Local Knowledge）の保護と継承が課題となっている。環境の保全と密接に関係しているTagalを代表とする伝統的な知識の保護は生物多様性条約などの国際社会でも大きく議論がされているが、マレーシアサバ州でも、伝統的な知識の保護は地域全体の持続的な開発と環境の保全にとって急務な課題である。伝統を継承する担い手が不足している状況であるが、伝統的な知識は外部から孤立してしまうと、その存在の損失の危機は高まる。外部（都市部）との接点を見出し、外部から認識される「見える化」が一つの解決策である。REEP は、このように農村部に眠っている資源を「見える化」し、年配者と若者をつなげる、また農村と都市をつなげることに貢献する可能性を有している。さらに、伝統的な知識の保護と継承という過去 - 現在 - 未来という時間をつなぐことにも REEP は貢献している。

過疎化が進む日本の地方農村社会はどうであろうか？　脈々と継承されてきた伝統が忘れられようとしているような状況はないだろうか？　年配者にいろいろと話をきいて、現代の状況のなかでそれを解釈・翻訳し、将来世代のために継承していくという過去－現在－未来といった時間軸は、現代の生活のなかでは不要であろうか？　借りた DVD や書籍を失くしてしまい弁償しないままでいいのだろうか？　もう必要ないから返却しなくていいとするのか？　今を生きる私たちの将来世代に対する責務とは何かを考えてみることも必要ではないだろうか。もっとも私がこのように言っても説得力はないかもしれない。そんな方は司馬遼太郎の『21 世紀に生きる君たちへ』を一読してみるといいと思う。かの司馬遼太郎も将来世代に対してメッセージを発している。司馬遼太郎が言っているのだから説得力はあるだろう。

都市と農村のつながり――都市部こそ元気になれ！

今や世界の人口の過半数が都市にいる状況において、私たち都会人の生活様式や意識が地球の環境保全や持続可能な開発に大きく影響をおよぼすことに論はまたないと思う。昔は、いわゆる農村部に圧倒的なひとが住み、そこで自給的な生活を営んでいた。世界人口の増加は都市化をもたらし、都市部では、水や大気の汚染、ゴミ問題、医療・衛生問題、労働問題、貧困問題、教育問題、問題のオンパレードである。私たちはこのような都市のさまざまな問題は地方の村落社会に大きな影響を与えることに気づかないといけない。大きく成長した都市では、生活のための資源が不足している。都市はエネルギー、食料、飲料水など多くのものを農村に依存している。農村部からこのような基本的なものが提供されないと都市は生きていくことができない。また、都市に住むひとびとに対して環境や伝統を学ぶ場を提供していることも農村部の重要な役割である。

貨幣経済は都市を大きくし、この傾向は今後も続くであろう。その一方で、農村部の開発や振興の在り方も大きく見なおしがされている。農村部にあるものをもっと積極的に活用していこうとする動きである。農村で栽培されたものをブランド化し都市の市場を開拓することやエコツーリズムやアグリツーリズムといった都市のひとが農村部で「体験する」産業の育成などである。都市部で発生したゴミなどをコンポスト化し農村部で活用するような産業もあるだろう。また都市部と農村部が相互に学び合う教育交流も可能であろう。都市と農村はお互いに支え合っていく時代である。支え合いという権利と責務の交換に根差した関係である。エネルギーや物資を基盤として相互扶助のより良い関係が、今後の都市と農村を一体化した持続可能な社会の構築にとって不可欠なのである。

都市と農村を一体化した持続可能な社会の構築のカギは循環型地域社会を作ることである。化石燃料に依存する社会はもう終わった。原子力発電に将来明るい兆しが見えないことはご存知のとおりである。これからは、地域に分散するエネルギー資源を有効に活用する時代である。森林バイオマス、小水力、風力などの自然エネルギーである。水・食料・エネルギーなどの地域の基本的な生活ニーズの充足は地域で自立的に行うべきであり、地域の自立や自給が地域の安定性を向上させ、自立や自給を巡って地域に生きるひとびとの絆が強くなり、人間的能力の回復や地域レジリエンスが増強することが期待されるのである。都市中心のエネルギーと生産・加工システムのパラダイムシフトを起こし、都市と農村をつなぐ循環・共生を通じた安定した生態システムが必要である（田中 2012）。

農村部は宝の山である。ひとが都市に移動し都市の物資やエネルギーが不足し農村部に依存する構造。私たちはどこかで農村部＝貧困というイメージを持っていないだろうか？　農村部には何もないから農村部の発展のための活動をしようというのが地域開発や地域創生という言葉になっていないだろうか？　むしろ逆である。都市部こそ物資やエネルギーが不足している貧困地域かもしれない。地域開発や地域創生は実は都市の貧困化対策であり、都市の健全な発展のための策なのである。都市に移動し定年を迎えた世代はどう生きていくのか？　まだまだ若く、その労働力、知力の再活用の道はないだろうか？　新しい生きがいを創出できないだろうか？　都市と農村の関係構築は都市部を元気にするためにも重要なことであると思うのである。

ひとと自然のつながり——人間中心主義（ピラミッド）から共生主義へ

小学校で食物連鎖を勉強したひとは多いと思う。生態ピラミッドという食う・食われるの関係を表し人間がそのピラミッドの頂点に立っているというものである。しかし最近は、いろいろな動物が同心円状に表示され、人間もその一部となっている。皆平等、相互扶助・相互依存の関係を強調する。今は、動物の保護について何か問題になると、動物が訴訟を起こすことができる時代である。人権ならぬ動物権である。環境倫理学は人間中心主義を反省し、非人間中心主義に立って環境問題の解決を図ることを指向するものである。人間だけでなく、自然も生存権を持つがゆえに、人間は自然を守る義務があるのである。

環境の問題には多様な価値観が存在する。動物、水、空気など人間の価値に比べれば重要でないものと考えがちである。人間だけがよければいいのかという価値観は見直しが迫られているのかもしれない。人間と自然が持ちつ持たれつの関係、人間と自然どちらかが大事ではなく、どちらも大事であり、どちらかが無くなってしまうことのない共生の関係が重要なのである。

日本と途上国のつながり
——日本の経済状況は厳しいのになぜ日本は国際協力を行うのか？

日本と世界の関係も同じである。日本だけ、一部の先進国だけ豊かになればいいという話はない。途上国との関係がなければ日本が今後発展していくこと

ひとと自然のつながり——共生主義へ

はないことは自明である。日本の食料自給率を見れば明らかである。情報化の時代、地球は世界はどんどん小さくなっている。科学技術の進化は、国同士の物理的な距離を短くしている。国同士の関係は一層密になっている。

なぜ日本は国際協力を行う必要があるのか？　日本国内でも経済の問題、雇用の問題など問題山積なのになぜ開発途上国援助を行う必要があるのか？　大震災やコロナウイルスなどでたいへんな環境下にいる日本人が多くいるのに、限られた国内の予算や人材を途上国援助に充当しないといけないのか？　これらの問いに応えていくことは国際協力事業の意味や意義を考えることになり、途上国に思いを馳せることにもつながる。

まず、人道主義的な発想がある。困っているひとがいたらそのようなひとに手を差し出すことはひととして当然という考えである。一日１ドル以下で生活をしているひとは世界で15億人もいるという話である。その一方で、日本はコンビニやレストランから出る食品残渣・食品ロスの問題がある。年間600万トン以上の食品ロス、つまりまだ食べられる食品が廃棄されているのである。地球上の限りある資源を世界中の将来世代も含めてどのように持続的に利用していくのがいいのか、日本と途上国の関係においても重要な問題であるはずだ。

相互依存性という考えはわかりやすいだろう。海老天そば一つとっても、海老は東南アジア、そばの原料の小麦は北米といった具合で、海外からの食料輸入がなければ海老天そばを味わうことはできない。逆に日本は精密機械などの工業製品を輸出する。持ちつ持たれつの関係である。日本は自分だけのことを考えていたらこれからは生きていけないのである。

また、地球規模の問題の解決には各国は連携・協力して取り組むことが重要であるとの考えもある。黄砂の問題、ヘイズ（煙害）、コロナウイルスの問題は日本一国では解決できないものである。動物は国境を知らないで国境を越えて移動する。国境を越えて流れる国際河川もある。国境を越えて国同士が緊密に連携していくことが重要である。

おいしい・きれい・ただしい関係

スローフード運動が流行っている。その土地の伝統的な食文化や食材を見直す運動のことである。日本と途上国の関係構築のためにもスローフード運動は有効かもしれない。しかし、単純に無農薬であることや栄養素が豊富というだけではない。

スローフード運動には三つの要素があると言われている（カルロ・ペトリーニ 2009）。まず地域社会の「おいしさ」を知ることである。これは、地域社会に根付く時間と空間の履歴を理解することである。「きれい」は生産から消費までの全工程において環境に負荷を与えないことである。「ただしい」は生産者が正当に評価されることである。開発途上国と先進国に社会的不是正があれば、それを是正することにも通ずるものと思う。

持続可能な社会の構築のためには、いろいろなつながりや関係が必要である。どのようなものであってもこの三つの要素はとても大切である。地域のひとや環境に思いを馳せ敬意を表すること、つながりや関係構築において誰かが便益を独占したり誰かが排除されることがないこと、かかわる関係者が平等で公平で公正な形でつながることなどである。

先進国日本で生活する私たちは途上国から供給されるさまざまな物資やサービスを享受している。このような私たちが、供給源である途上国の課題に目を向けないことは不公平ではないだろうか。途上国のある村の過疎化が進行しても、村落の資源や価値に気づいた先進国のひとが「コミットする」ことが増えていけば、過疎地域の持続性も向上するかもしれない。地域に思いを馳せ、知り、関与するひとを増やすことである。それが日本の未来を創造することにもつながるのではないだろうか。

地球規模課題と地域課題のつながり
——地域の問題としての気候変動問題

本書で触れたようにTudan村から蜂がいなくなった時代があった。それはときどき起こるらしく、村人は村の気温が高くなってきていることを生活感覚として認識している。また、サバ州では数カ月にもわたって雨がまとまって降ることがなくなったという。

ときどき、「今サバ州は乾季ですか？　雨季ですか？」ときかれることがあったのだが、多くの場合明確に答えることができなかった。周辺のひとにきいても「わからない」という回答が多かった。ここ数年、乾季と雨季の明瞭な違いがわからなくなったそうである。旅行ガイドブックには、サバ州では10月～３月が雨季と記載されているが、ここ最近のこの時期の雨量は極めて少ないらしい。

気候変動によって、Tudan 村の養蜂活動ができなくなることは、生計向上策がなくなるということにとどまらず、村の伝統が消えてしまう危機ですらある。

気候変動問題は、ゴミ問題、森林保全問題、水・大気汚染問題と違い、目に見えない問題で、その原因や責任主体も見えにくい。私たちは 気候変動問題は「地球規模」の事象で、どこか遠い場所で起こっているものと思いがちである。確かに、気候変動問題は地球規模の問題である。しかし、その問題は地域に大きな影響をおよぼすものであり、自分事の問題であり、生活に直接影響のあるものである。

私が幼少の頃、父親が言ったことをよく覚えている。「地球の形はどんどん変わっている。人間が愚かなことをしているからだ」。

地球上のあちこちで気候変動という問題が起きている。その影響を目に見える形で直に受けるひとが多くいる。その一方で、依然として、残念ながら気候変動を自分事として考えていないひとも多くいる。

よく言われることではあるが、先進国に住むひと、都会に住むひとが、意識を変え、ライフスタイルを見直し、具体的な行動を起こすことが必要である。今の私もそうであるが、クーラーの効いた部屋で生活・仕事をし、毎日車や電車で通勤する都会人の生活がある。エネルギーの大量消費であろうか。その一方で、自然とうまく対峙しながら、自然と一体・調和した生活を送っている村の生活がある。何か問題が起きると、その被害は平等ではない。甚大な被害を被るひとは途上国に多いように感じるのは私だけではないはずだ。Tudan 村のひとは気候変動がないことを切望する。しかし彼らだけではどうにもならない。気候変動を地域の課題として考えると、どこか「諦め感」が漂うのはなぜだろうか。村落の住民だけではどうにもならない問題なのである。

はっきりとした問題や悪者が見えにくい気候変動といった問題は社会的ジレンマのメカニズム故の難しい問題である。大気汚染や水汚濁の問題の解決は、PPP（Polluter-Pays Principle：汚染者負担原則）という汚染者が汚染防止費用を負担すべきであるという考え方によって解決を図ってきた。しかし、悪者、犯人探しが容易ではない問題の場合、BPP（Beneficiary Pays Principle：受益者負担原則）という考えが今後重要になってくる。環境破壊や社会問題が起きた場合に、該当する環境や社会から恩恵を受けていたひとがその改善や解決のための費用を負担するというものである。私たちはこの地球に「生かされている」のである。

教科書的に言うなら、必要な行動をすべきと考え、自分の行動が影響力のあるものと考え、行動を起こすことを面倒と思わずに、行動をしないと近くのひとから非難されると懸念し、他のひとも行動していると認識し、他人に迷惑をかけないようにする、といったことが重要ではないだろうか。先進国の人間、都会の人間、あるいは今の日本人が現在享受している生活が全地球的に実践されれば、地球環境はどうなるであろうか。私たちは、地球人としての責務を持ち、もう少し、途上国の地域村落にも目を向け、関心を持ち、自分の生活をきちんと見つめ直すことから始め、具体的な行動を起こさないといけないと思う。

地域循環共生圏の実現に向けて――世界のモデル

Tudan 村での実践内容は、いろいろな「つながり」を意識するものであった。村落内部と外部社会のつながり、森－里－川－海といった異なる生態系のつながり、都市と農村のつながり、過去－現在－未来という時間のつながり、村落地域環境と地球規模環境のつながり、日本と途上国のつながりなどである。もう一つ重要なのが国際社会とのつながりである。Tudan 村での活動は世界のモデルになりえるか？　たいそう大げさで仰々しい感じはするが、Tudan 村で脈々と引き継がれてきたもの、また外部との交流のなかで順応的に進化してきた実践内容は、世界の諸問題の解決のヒントとなることがたくさんある。気候変動対策としても有効な伝統的焼畑農業の実践、エネルギー問題に一石を投じるバイオマス産業の創生、オイルパームの殻を再利用した家屋建設など、たくさんある。

日本の環境省は 2018 年 4 月に国連「持続可能な開発目標」（SDGs）や「パリ協定」といった世界を巻き込む国際な潮流や複雑化する環境・経済・社会の課題を踏まえ、複数の課題の統合的な解決という SDGs の考え方も活用した「地域循環共生圏」というものを提唱した。「地域循環共生圏」とは、各地域が美しい自然景観等の地域資源を最大限活用しながら自立・分散型の社会を形成しつつ、地域の特性に応じて資源を補完し支え合うことにより、地域の活力が最大限に発揮されることを目指す考え方とされる。この構想は SDGs やパリ協定といった世界的な動向も踏まえ、低炭素・脱炭素社会、循環型社会、ひとと自然の共生社会の三つの社会の実現を通じた持続可能な社会を目指すものである。この構想の実現を通じて日本は世界にも誇ることができるモデル国を目指している。

さて、地域循環共生圏の内容をよくみてみると、森－里－川－海といった異なる生態系のつながりや都市と農村のつながりを通じて自然資源やエネルギーの循環が描かれている。また、自立分散型でリスクに柔軟に対応できるエネルギーシステム、地域の経済・社会問題の解決にも役立つ多様なビジネスの創出、健康で自然とのつながりを感じるライフスタイル、自然生態系の力や地域伝統の知恵も活用した災害に強いまち、等の記載がある。日本の環境省が提唱する以前から Tudan 村で実践されてきた内容なのである。Tudan 村での実践活動は地域循環共生圏の実践そのものである。

世界には Tudan 村のような活動を実践している村落は数多くあると思う。Tudan 村がいちばんと言うつもりはない。ただ、多くの良い事例のなかの一つであると思う。Tudan 村の実践的な内容から学ぶことは多いはずである。世界中の多くの地域村落の伝統的な実践は、世界の持続可能な社会構築のために参考となる共通項や教訓が多くある。今の時代に生きる私たちは地球規模で物事を考える世代である。それは地域の課題にも目を向け、次世代のことも考えることでもある。Tudan 村での実践内容を多くのひとに知ってもらいたい。その上で、地域の特性に応じた活動が実践され、持続可能な社会構築のための取り組みが進むことを期待したいと思うのである。

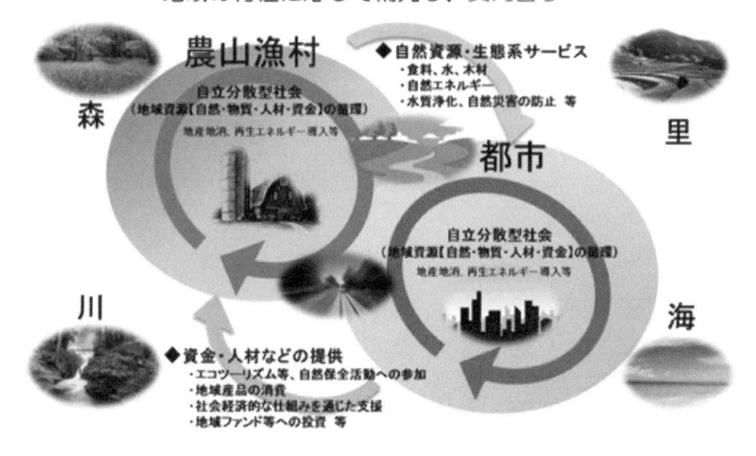

地域循環共生圏概要（出典：環境省）

第３章　悩みと希望が錯綜する時代を生き抜くために
―― Tudan 村からのメッセージ

外部の助言に惑わされない誇り高い決断
――自分という存在価値を守ること

Tudan村でエコツーリズムの導入を巡る決断があった。エコツーリズムは、類まれな自然環境があれば、すぐにお金を手にすることができると錯覚してしまうことが多い。実際にサバ州はエコツーリズムが盛んで、成功事例もたくさんあるのもその理由の一つかもしれない。汚染・破壊されていない環境があれば、どこでもエコツーリズムは実施できるし、お金も儲かる、といった内容の話を聞いたものだ。しかし、エコツーリズムの成功はそんなに簡単なことではない。村人が錯覚をしてしまうのは、外部者から得る情報や助言が不十分であったり、偏っていたり、間違っているからだと私は確信している。

Tudan村でP3DMとよばれる三次元モデルを活用した参加型の活動を通じて、村の資源や伝統などを確認、共有して将来計画を議論したが、そのなかで、エコツーリズムについて村人の結論が出た。村人のなかには外からの訪問客を歓迎し、ホームステイのようなものを実施し、地元の料理や自然を堪能してもらうことを希望していたひとも数名いた。しかし、村全体の結論の内容は、「伝統的な農業を今後も地域発展の核としたいので、エコツーリズムの実施は今のところ考えない」というものであった。

私は、都会（コタキナバル市内）で生活するいろいろなひとをTudan村にお連れした。その度によく聞くのが次のような発言であった。「ここはコタキナバルと違って涼しいし、山に囲まれて綺麗だ。エコツーリズムやホームステイをやったらいいんじゃない？」「この静かで涼しい村なら、数泊程度なら泊まってもいいかな」。都会のひとたちの素直で、でもある意味勝手な発言である。エコツーリズムに関しては、ときどき、地域振興・村おこしの万能薬のように思われている局面に出会うことがある。エコツーリズムの定義はいろいろな書籍にあるから、詳細はそちらに譲るが、地元の資源を持続的に利用し、収益は地元に還元されることが重要である。また、お客さんの受入体制の整備も重要である。エコツーリズムは自然さえあればよくてお金がかからないといわれることもあるかもしれないが、ある程度の初期投資は必要である。さらに地元の人材の育成も重要である。地元のことを地元の人間が説明できないツアーなどありえない。一律的なエコツーリズムなどはなく、その地域の環境や住民の状況にあわせた制度設計と実施が必要であり、エコツーリズムが盛んなサバ州の成功事例のコピー＆ペーストでは無理なのである。

私もTudan村にかかわって以来、数人からエコツーリズムの導入を薦められた。私にエコツーリズムを薦めた人の多くはたった数日、いや数時間しかTudan村に滞在していない。エコツーリズムは一つのオプションではあると思い、成功している近隣の村にTudan村のひとを連れていったり、またエコツーリズムの「専門家」にも足を運んでもらったこともある。しかし、最終的に決めるのはTudan村の住民である。その住民が村の総意として、伝統的な農業を軸に、今後もっともっと頑張りたいといい、エコツーリズムは当面やらないことを選択した。成功事例も見た上での決断であった。村の将来の発展を考えるとエコツーリズムは大きな争点にはならなかったのである。伝統に根付く誇り高い住民の決断にたいへん感銘を受けた。このことは日本の大学教員、学生、援助関係者にもよく話をする。みんなこぞって、「そんなこともあるのか。素晴らしい話だ」と言ってくれる。

地域開発や地域おこしの事業では、何か大きなもの、目に見えるもの、短期間で成果がでるものなどを求めがちである。わかりやすいし、成果を実感できるからだろう。だから、ある地域の「あるもの探し」にお金や時間やひとなどの資源を投入することになる。この方法は間違ってはないと思うが、「何か違う」という違和感が払しょくされないのである。

場の教育というものがある（岩崎・高野 2010）。これは、地域にある資源を探すことも重要だが、地域や村の固有性や地域や村の存在そのものが重要ということを教えるものである。そこには、地域や村の生活に根ざした空間の履歴、土地の履歴に注目することが必要という教えがある。地域には、何十年、何百年と脈々と引き継がれた目には見えない空間と土地の履歴がある。また、地域の人間が互いに学び、時には対立し、そのような過程を何度も経て積み上げてきたものがある。土地の履歴は先人・祖先の生と死の物語であって、生き方の継承性は土地を基盤とした自然とのかかわりによって支えられているのである。

それはそこしかない唯一無二のものである。外部者の誰も否定できない崇高なものであり、そこにいるという「存在」そのものに意味がある。現代の都市生活は土地という根を失った文化とともに浮遊しているのではないか、というものである。

同じような考えは日本の水俣から生まれた地元学にも見ることができる（吉本 2008）。地元学は「地域のことをみんなで知れば、新しい何かが見つかる」という意味合いのまちづくりの実践的手法であり、地域の持っている力、ひとの持っている力を引き出す。ひとは絶望だけでは生きていけない、水俣はそのことを教えてくれたと言う。ひと様は変えられないから自分が変わる、つまり「世間から嫌な目にあった。世間は変えられないから自分が変わる。自分たちのことは自分たちでやるために足元にあるものを調べて役立てる」というところに根源がある。そして、地元学では三つの経済があるとする。①お金の貨幣経済、②手伝いあう結、もやいなどの共同する経済、③家庭菜園で野菜をつくり、先祖に供える花を育て、海・山・川の幸を採取して食べたりする自給自足の経済、である。そして、ひとそれぞれの違いを認め合い（個性の把握）、ひととひとの距離を近づけ、話し合い、対立のエネルギーを創造するエネルギーに転換することが水俣再生の取り組みであった。

私がかかわった Tudan 村の伝統的傾斜地農業は、先祖代々続く農業である。そこには百年以上の歴史があり、先祖の知恵が何重にも襞のように蓄積されている。外部から見れば、何の特徴もないものかもしれない。しかし Tudan の村人にとっては、まさに村そのものの履歴であり、村人のアイデンティティであり、唯一無二のものである。地域のブランド化の成功と地域の存在価値とは別次元のものである。外部からのいろいろな情報を自分たちなりに解釈し、村人の総意としてエコツーリズムというものを選択しなかった。エコツーリズムのポテンシャルはあったかもしれない。自分事として伝統的農業の更なる繁栄を選択した Tudan 村のひとたちは本当に素晴らしいと思った。このひとたちのことを知ることができた私はとても幸せだとつくづく思うのである。自分とは何か？　何が自分を形成し、何に生かされているのか？　とても重要なことである。どんな時代でもどんな環境にあっても自分を大切にし、未来の社会や将来世代のことに気遣いできるような、そんな人間でありたい。

小ネタと大ネタ――希望学のススメ

同じような論調・文脈に小ネタ・大ネタというものがある。希望学というものである。希望学は希望と社会の関係を考察するための新しい学問である。東京大学社会科学研究所は2006年から岩手県釜石市での実地調査を続けており、過去の津波や戦争、不況といった試練や挫折をどうやって新たな希望につなげてきたのかを学ぶために、釜石での調査を続けている。その釜石は2011年３月11日に、新しい大きな試練にさらされることになったが、その試練に対して、市民はそれぞれの持ち場でお互いを信頼することで、希望の灯をたやさず、前に向かって自分たちの足で歩み出そうとしているのである。希望学では、地域の希望を再生する条件として、ローカルアイデンティティの再構築、希望の共有、地域内外のネットワークの形成をあげ、この三つを貫くキーワードが対話であるとしている。また、希望を再生するには、「地域らしさ」というローカルアイデンティティを再構築していくことであるとしている。さらに、衰退しない地域に共通することとして、「人口が減っても、地域はそう簡単になくならない。だが、小ネタが尽きるとあっという間に地域は衰退していく」とする。

Tudan村の事例はまさに小ネタのオンパレードであった。まさに希望学を実践する場所であったと思う。一見何もない村に長い年月をかけて蓄積されてきたもの、それらを語り継いで継承していく村人、そこを注意して見て耳を傾けていくと、世の中の動きを客観的にとらえることができるのである。ローカルで起こっていることがグローバルな規模にも通ずるのである。地域の小さなことが共有され、外と中でつながっていくこの過程こそ希望学の実践であったと思う。

小ネタと対峙するのが大ネタということになる（玄田・荒木 2020）。大ネタは一発逆転の大展開には大規模な取り組みが必要と信じて疑わない、しかもきまって固有のストーリーや目に見える成果が常に求められる。幕が下りてしまうとそれまでの熱気はあっという間に記憶の彼方に遠のく。逆に、小ネタの集積は地域の本物の魅力的なストーリーを作り、その積み重ねからしかできないものである。この小ネタの数や質が真の豊かさであり、小ネタがあるところにはひとびとのたしかな営みがあるという。そして、それは地域の活性化とは異なる地域に生きることのリアルな価値であるという。

私たちは時に大ネタ志向になりがちである。時には大ネタも大事である。事業に対する説明責任など小ネタだけでは難しい局面もあるだろう。

小ネタは取るに足らない価値のないものではない。小ネタは自分らしさを表現することにつながる。これからの未来を担う世代には、多くの小ネタを作ってほしい。小ネタがたくさん集まれば、多様性のある豊かな社会ができるはずである。小ネタに満ち溢れた生き生きした社会を作っていきたいと思うのである。

幸せとは何か？

内閣府実施の国民経済計算および国民生活選好度調査を基に経済産業省が日本の一人当たりの実質GDPと生活満足度の推移を計算したものがある。この結果は、一人当たりのGDPが伸びてもかつてのように個人は幸せにならない、というものである。約30年で一人当たりのGDPは2倍近くも伸びたにもかかわらず、生活満足度は横ばいなのである。

2012年6月に開催された持続可能な開発会議で「貧乏なひととは、少ししか物を持っていないひとではなく、無限の欲があり、いくらあっても満足しないひとのことだ」と発言したひとがいた。また、ラオスの副首相は、「私たちの国ではGNP（Gross National Product：国民総生産）よりもGNH(Gross National Happiness: 国民総幸福感）を重視する」という。幸せの国と言われるブータンも同様であろう。2010年から5年間ウルグアイで大統領を務めたJose Alberto Mujica Cordano氏は、月1,000ドルで生活している「世界でいちばん貧しい大統領」としてマスコミを賑わしたことも記憶に新しい。

幸せとか貧しいとかは個人の主観的な感覚もあるかもしれない。途上国で村落開発に従事していた青年海外協力隊員の言葉が私にはとても印象に残っている。「途上国のひとたちはみな自然とうまく付き合いながら生活をしている。このまま村に住み続け、世帯単位の小規模農業をやって生きていくのであれば、無理に近代化しなくてもいいのではないか。他のひとびととの相互扶助的関係を維持しながら『幸せそうに』暮らしている」。

Tudan 村で幸福度調査を実施したことを紹介した。村人から「病院・道路を建設してほしい」という要望はあった。インフラの整備支援は普通である。Tudan 村の場合、これ以上に重要視しているのが、仲間との絆である。「みんなが支えあって生活すること、お年寄りと若者が交流すること、伝統的な文化を継承していくこと、平和に（争いなく）暮らすこと」である。

Tudan 村で一度ビニールハウスの設置について議論があった。Tudan 村にはビニールハウスがない。近くの村で一級品のビニールハウス栽培をしている農家があったことを知った村人から提案があったものである。技術的なこととして、ビニールハウスよりも竹炭をマット状に敷くほうがいい。しかし、土砂崩れ防止や安定した野菜栽培という点ではビニールハウスに比較優位はあるかもしれない。しかし、ビニールハウス設置はお金がかかる。しかも安価ではなく、Tudan 村の農地全体を対象とすると日本円で 250 万円以上もかかるのである。しかし、私が確保できたのは 50 万円がやっとであった。この状況を村人に説明したら、「ビニールハウス設置はいらない。それは、お金の問題ではなく、50 万円では便益を住民間で平等に配分できないからだ」との回答であった。特定の農家が便益を独占することはできないとする住民総意の意思決定である。

Tudan 村は長寿のひとが多い。最年長は 101 歳である。とにかく長生きするひとが多い。綺麗な環境で栽培された美味しいものを食べているから長生きすると村人は言う。この村にもしお金があると、体によくない食品添加物を買うことになってしまう、だから余計なお金はいらないと言う。もし、お金があると農薬、除草剤を購入する村人が出てくるかもしれない。新鮮な野菜の栽培ができなくなる。だから余計なお金はいらないというのだ。

Tudan 村にとって現金収入は必要である。でも、何かを決定する時には常に、ひとびとの絆であったり、公平で公正な意思決定であったり、伝統文化を優先することであったり、経済的なものは後回しになることが多い。相互扶助を基盤とする伝統的社会システムであり、地縁・血縁関係に基づく社会生活である。「無くても何とかなる社会」、でも実はそこには「何でもある社会」ということなのかもしれない。今の日本はどうであろうか。

幸せの裏にある孤独と不安との闘い

Tudan村で実施した幸福度調査では、村人は、豊かな自然に囲まれ伝統的な農業こそ村の誇りであり、災害にあった時に助けてくれる社会、仲間がいることが幸せであると考えていることがわかった。最初は、土地を巡るちょっとしたイザコザがあるものの、日本と同じように都市化・過疎化の問題や年配者と若者のギャップなど、どこも似たようなことがあるものだと思ったこともあった。そのなかで、今の日本人が忘れているものや今こそ着目すべきことなどが多くあることに気づき、Tudan村や村人にどんどん惹かれていったものだ。

そんな中、おそらく私が最もショックを受けた出来事があったのは、ちょうど幸福度調査の結果を取りまとめている時であった。それは、Tudan村は自殺者が多いということだった。しかもサバ州の他の村と比較しても尋常ではない数字らしい。とにかく驚いた。マリウス氏がこっそり教えてくれたのだが、当然、Tudan村の開発計画を作成する際には無視できない極めて重要な情報であった。

状況は次のとおりである。過去20年間で6人が自殺しており、最近は二年前の未婚男性（40代）。自殺は、毒薬（除草剤など）、首つり、銃、木から飛び降りなど（未遂も）。原因は不明。遺書などは残さないので、本当に理由が不明である。酒の席で「死ぬ」と言ったひとはいるらしい。また、子どもの前で、「毒を飲んだ」と告げ、その後死亡した事例もあるとのこと。マリウス氏は立場上、役所に死亡届を提出する義務があるが、死因は適当に書くしかないようである。

推察でしかないが、病院から戻っての自殺、未婚者の自殺などから、将来を悲観、子どもに面倒をかけたくない、などが原因と考えているらしい。これだけの数が自殺という村は、マリウス氏も聞いたことがなく、理由もわからないため、遺伝・DNA の問題か、とさえ言っていた。

自殺者は 40 歳～ 60 歳の世代である。実はこの世代が、私が従事した事業への参加率がよくない。Tudan 村では、村人の活動が個人の土地に限定されることが多く、社会的なつながりは弱いのではないかとマリウス氏は見立てていた。多くのひとは農業で忙しいが、収穫祭やクリスマスなどの季節限定のイベント以外に、いろいろな世代が一緒に集まって交流する機会や場所をつくる、そこでは特に年配者が若者と話をすることができる、そんな機会と場所が必要というのがマリウス氏の見解であった。またそこには、ポスターや本が展示され、オーディオ機器（ラジオ、テレビ）を設置するのもよいとのことであった。また、以前は村人は無宗教、アニミズムがほとんどであったが、1980 年代前半からクリスチャンが増えたことで、自殺者が減少することを期待しているらしい。

豊かな自然環境、伝統に基づく農業、自給自足の生活、外から見れば大きな問題もなく、「幸せ」そうに生活している住民たちと見える。しかし、孤独を感じないような住民同士の支え合いを希望している村人のなかには、孤独で不安に苛まれるひとたちがいるのかもしれない。村人間の交流の問題なのか、都市化・近代化から取り残されてしまう問題なのか、外部者には一層わからない。しかし、幸せと感じているひとがいる一方で、死を考えるほどの不安や孤独、また絶対的な絶望が村の奥深いところにあることも事実だ。私はこの話を聞いた時、ものすごい大きなものと対峙していくことになる自分の運命のようなものを感じ、とにかく開発援助は誰も取り残してはいけないという信念で活動に従事することを誓った時であった。同時に、日本社会のことも頭によぎった。孤独死のニュースもある。不安や孤独はいちばん健康に悪い。誰も取り残さないということは今の日本でも難しい。不安や孤独をなくす公共サービスや地域単位での自発的な取り組みなど、今の日本もよくよく考えていかないといけない。

足るを知る生活

Tudan 村のひとたちと接していると、「なんだかんだ言っても、このひとたちはあまりお金にガツガツしていないな」と思う時があった。彼らは、食料というのは先ずは自己・自家消費をいちばんに考えている。食料生産を自分たちの伝統として誇りに思っており、もちろん、外部との接点がどんどん大きく、広くなっているので、現金は必要となってくる。現金収入は生活上喫緊のことである。しかし、野菜など余剰に生産された時にだけ外部に売るという発想で、従来の生活パターンを大きく変えないような（あるいは変えたくない）自律機能があるように思うのである。

小説『キナバルの民』のなかで、日本人とドゥスン族の以下のようなやりとりが記述されている。1942 年ごろの話である。

「なぜもっと米や野菜を作らぬのか？」

「食い残すほど作ってもしかたがねえ」

「困った奴らだな。自分が全部食わなくてもいいんだ。うんと作って町に売りに出ろ」

足るを知るという考えに近いだろうか。そういえば『15 歳からのファイナンス理論入門』という書籍のなかに、「足ることを知れば、要求する見返りは小さくなるから、現在価値は大きくなるんですね。逆に、足ることを知らなかったら、どんなにお金をもうけても心はあまり満たされないのかもしれません」との 15 歳の学生さんのコメントがあったことを思い出した。

Tudan 村では、自己・自家消費できれば、彼らはそれでいいという生活文化は、今でも継承されているように思う（ちなみに Tudan 村のひとの多くがドゥスン族）。ただ、昔と違うのは外部との接点・交流ができたことである。Tudan 村のひとは外部からの訪問者をいつも大歓迎する。それは、農産物などを買ってくれるからというものではなく、自分たちのことを多くのひとに知ってもらいたいという気持ちから歓迎するそうだ。蜂の専門家によると、Tudan の蜂の数は非常に少ないとのこと。元々綺麗な環境故に蜜源となる花をたくさん植えれば蜜の生産量はぐんと上がるようである。しかし、村人がそれを行うか？

巣箱の数は増やしたものの、環境の大きな変化は望んでいないのではないか？

聞いたことがあるひとも多いと思うが、アメリカの投資家とメキシコの漁師の話である。アメリカ人の投資家がメキシコの小さな漁村の埠頭についたとき、小さなボートに一人の漁師が乗っていた。ボートのなかには数匹のキハダマグロが釣られていた。そのアメリカ人はメキシコ人に魚の品質を褒めて、釣り上げるのにどれくらい時間がかかったのか尋ねた。

メキシコ人は答えた。

「ほんの少しの間さ」

「何故、もう少し続けてもっと魚を釣らないのかい？」

「これだけあれば、家族が食べるのには十分だ」

「でも、君は残った時間に何をするんだい？」

メキシコの漁師は答えた。

「朝はゆっくり目を覚まし、少し釣りをして、子どもたちと遊び、妻のマリアと昼寝し、夕方には村を散策し、ワインを味わい、アミーゴ（仲間）とギターを弾くのさ。それで人生は一杯さ」。

アメリカ人は小馬鹿にし、「私はハーバード大のMBAを取得しててね、きっと君を助けることができると思うよ」。「君は、もっと釣りに時間を割いて、その収益で大きなボートを買うんだ。大きなボートでまた釣りをして、その収益で今度はボートを何台も買うんだ。次第に、君は漁船の一団を率いるようになるだろう。そして釣った魚を仲介者に売る代わりに、製造業者に直接売るんだ。次第に、君は自分の缶詰工場を始めるようになるだろう。君は生産・配給量をコントロールするようになる。この沿岸の小さな漁村を離れてメキシコシティに移る必要が出てくる。それからロスアンゼルスへ引っ越し、次第にニューヨークへ移り、君はこれまで拡大してきた君の企業を運営するんだ」。

メキシコの漁師は尋ねた。「でも、一体どれくらい時間がかかるんだ？」

それに対して、アメリカ人は答えた。「15年から20年だろうな」

「で、それからどうなるんだ？」メキシコ人は尋ねた。

アメリカ人は笑って、「時に合えば、君は株式公開をし、君の会社の株を売って、大金持ちになるのさ、億万長者にね」。

「億万長者？　……で、それからどうなる？」
アメリカ人は言った。
「それから君は引退して、小さな沿岸の漁村に引っ越し、朝はゆっくり目覚め、少しだけ釣りをして、子どもたちと遊び、妻と昼寝し、夕方には村を散策し、ワインを味わい、アミーゴとギターを弾くのさ……」
ニューヨークの証券マンも小さな漁民も望むものは同じなのか。食べていくだけのものが身近にあれば、欲望の高さとその安定性の積は皆同じであり、その選択が違うだけなのかもしれない。
いろいろなものが溢れ出ている日本。物資はたくさんある。そんな中でも常に余分に持っていないと安心できないという生活感覚はないだろうか。多くを持つことに意味を見出すのである。余計に持つ必要はないという感覚も重要である。Tudan 村のひとたちのように、「今のままで十分じゃね？」の意味を考えていきたいと思うのである。

マイナーサブシステンス――遊びと仕事の間のススメ

環境民俗学に「マイナーサブシステンス」という概念がある。「小さな生業」「副次的生業」「遊び仕事」といった訳がされる。「遊び」と収入を得るための「生業」の中間的な「仕事」というものらしい。農業ジャーナリストである甲斐良治は「集団にとって最重要とされている生業活動の陰にありながら、それでもなお脈々と受け継がれてきている、副次的ですらないような経済的意味しか与えられていない生業」「消滅したところで、その集団にとっても、当の生計を共にする単位世帯にとっても、たいした経済的影響をおよぼさないにもかかわらず、当事者たちの意外なほどの情熱によって継承されてきたもの（しかし、経済的意味が少しでもあることが重要）」と言う。
経済開発（貨幣経済）が進み、それと並行してマイナーサブシステンスが崩壊する。その後、一定の閾値に達したら、マイナーサブシステンスの価値が見直されるというシナリオは、破壊されたものの復活にかかわる時間や労力を考えると避ける必要があるのではないだろうか。そもそも破壊されたものを取り戻すことができるかも大きな問題である。

マイナーサブシステンスは、ごく小規模の、あるいは単発的だが地域の自然環境と深く結びついた採集ないし生産活動を指すものであり、自然との深いふれあいや、行為自体の喜びなどを提供するもので、たとえば、渓流のヤマメ釣りとか地下蜂追いとか、そういうものが象徴的である。日本では、自家消費用のコメ作りや家庭菜園などがマイナーサブシステンスに近いかもしれない。日本でも開発途上国でも、自己資源や明確に共有化された資源を利用したサブシステンス活動だけではなく、オープンなコモンズに依拠したサブシステンスがあり、途上国では特に貧困層が大きくそれらに依存している。そのようなコモンズは、市場経済の浸透や近代化によって、農村での生活を成り立たせるよりは、そこを脱出し、都市などで賃金を得る方が選択されるようになり、結果として農村からひとびとの離脱が進んでいるように思う。

いずれ、世界のほとんどの食糧は大規模集約的に作られるようになってしまうのだろうか？　「作るのが楽しい」というちょっとした家庭文化さえもなくなってしまうのだろうか？　遊びと仕事の間にあるようなものが代々継承されていくことの意味を考えてみてはどうだろうか？　特に過疎化が進む日本の農村地域では、産業農業から生活農業への転換が進んでいる「個の楽しみ」としての農業や食文化という側面が強い。地域ブランドの創生や新しい地場産業の形成において、個々に脈々と受け継がれるマイナーサブシステンスにも将来のカギがあるように思うのだがいかがであろうか。

自立できない地域は価値がないのか？

地域開発や地域創生というと経済的な価値を見出し、それを発展させていくことが重要と考えることは多い。場の教育でところで触れたように多くの村落社会は長い期間そこに「存在」していた。何か経済的な開発の可能性を持つ資源があるから地域に価値があるのではなく、すでにひとびとが暮らしているという事実こそがまわりの地域を生かしていることにもなる。地域の「あるもの探し」だけではなく、地域の固有性、もっと端的に言えば、地域の存在価値を見出すことが重要であり、その存在価値はそこに住んでいるひとびとの長期間におよぶさまざまな絶えざる働きかけによって蓄積され、進化していくものである。このことこそが空間の履歴であり、その空間には時間も蓄積されているのである。

Tudan 村のひとたちは外部からのエコツーリズム導入の提言と伝統的な農業の選択を迫られた時に、その提言内容を自分事の対象として吟味し、長年続く伝統的な農業の時間と空間を含む地域の履歴というものを自分の生活空間や身体空間、あるいは自分のアイデンティティとして認識変換し、伝統的な農業を選択したと思う。「傾斜地での土砂崩れを防ぐには竹を植えたり、石を置いて段々畑にしてきたけれど、○○という根っこの強い植物を植えることも昔から実践してきた」という年配者の言葉に若者が「へ〜そんな植物があるんだ。今度自分も植えてみる」と地域の空間と時間のつながりを知り、単なる風景ではなく、自分事の対象として捉える身体的な認識につながったのである。間近な諸現象がさらに身近な諸現象に置き換えられたとき、ひとごとであった無機的な地域は急に生き生きとした自分事としての意味ある地域に一変し、こういう認識転換された人材を育てていくことが土地に根ざした教育の目指すべき目標なのである。P3DM の実践は、単に地域にある資源等を見える化するだけではなく、地域の履歴を維持・進化させ、参加者の認識変換を起こす実践の場であった。Tudan 村という現地ベースの活動の掘り下げは、世界につながるような道筋を示すことにもつながった。村の存在意義、村の履歴といったものを保持・維持するような「場を持つ主体」の活動を続ける場の教育が不可欠であろう。

すでにひとが暮らしているという事実こそが周りの地域を活かしている。この地域の存在価値が大事なのである。地域資源の利活用の仕方ではなく、地域という空間そのものに価値を認めることである。地域の個性を引き出すためのあるもの探しやブランド化戦略は、地域の存在論を土台としたとき真に力を発揮するのである。

大人の役割

今の世の中、他人を怒る大人が減った。近所の爺さんが子どもを叱りつけると親から通報を受けて警察に捕まるご時世となってしまった。下の写真は、あるお爺さんが近所の山里の葉っぱで作ったバッタである。これを孫などの子どもにあげる。竹で作った笛で音を鳴らして見せる。子どもは皆喜ぶ。お爺さんは、昔の山里の様子の話をする。小さな子どもは必死で耳を傾け、頷き、質問をする。こんなことは一銭の金にもならない。

私の世代は辛うじて、ノスタルジアというか地域への思い、郷愁を感じることができる世代であろうか。今の子どもたち、特に東京といった大都会にそういうものが残っているのか心配してしまうのである。まさに浮遊している、という感じであろう。都市近郊にあった裏山は、最近マンション開発のために切り崩された。こんなニュースを聞くことは多い。近郊の裏山の維持も、土地所有者が固定資産税を払わなくてはならず、世代も変わり、景気も変わりで、不動産開発会社に売らざるをえない。自分の子どもの頃から身近にあった安らぎの場が一つ失われたことになる。開発と管理体制の強化で、独自の地域性というのは失われるばかりで、郷愁の情も育むのが難しくなっている。

資源化（使用価値化）されない「無用なもの」や「遊び・余裕」が地域資源の価値発現に重要ではないだろうか。郷土愛が生まれ、自分の地域への誇りに変わり、それが地域アイデンティティになる。この「郷土に学ぶ」という地域を大事にするということは、自分を大事にする、自分を磨く、さらには地球を大事にすることにつながるはずである。大人の世代が今のうちにやっておくことはないだろうか。

山里の葉で作ったバッタ

本物を見極める感性を大事にする

本書のなかでTudan村での養蜂活動支援について書いた。私がTudan村を訪問した初期の頃、村人に養蜂現場を案内されたことを今でも鮮明に覚えている。村人は私に次のように言った。「養蜂は先祖代々から引き継いできたものであるが、どうもここ数年、蜂の数が減って蜜の生産が落ち込んでいる。90年代に発生したエルニーニョは最たるもので、あの時は養蜂活動が全くできなかった。自分たちはこの現象が世界的な気候変動の影響ではないかと考えている。Tudan村も年々気温が上昇しているように思う。蜂蜜はコタキナバルのような都会に行けばすぐに手に入る。しかし、都会で売っている蜂蜜の90%以上は人工的な甘味料が大量に混ざっており、本物の蜂蜜ではない。サバ州の多くのひとは偽物の蜂蜜を食して満足している。本物を知らないひとが可哀そうであり、本物を知るひとがいなくなってしまうことを懸念している。できるだけ多くのひとに本物の蜂蜜を味わってほしいと思っている。Tudan村の蜂蜜は伝統に基づく本物である。何とか、Tudan村の伝統文化でもある養蜂を活性化し、本物を後世に残す手伝いをしてもらえないだろうか」

私はこの言葉に心を打たれた。援助関係者として今までいろいろな要請・要望をきいてきた。でも「本物を残す手伝いをしてほしい」という要望はこれが初めてであった。というか、後にも先にもこれだけである。人工でない本物の蜂蜜というものに自分たちのプライドを持っている。それがTudan村のひとたちのアイデンティティであると確信した瞬間であった。Tudan村のひとに脈々と受け継がれているのは、「不味い、よくない、と思ったものをどうして他人に譲ったり売ったりできるのか？」という精神であるようだ。まさに本物志向。自分も本物を知りたいと強く思ったものだ。

今の日常社会では、多くの偽物が出回っているかもしれない。どれも同じようなものばかりで、最低限の機能があればよしとする。そんな世の中だと感じることはないだろうか？　偽物に騙される、騙されていることも知らない、だから「本物」を知らない。本物を見極める感性がなくなってしまうことは、物事の真実がわからないことではないだろうか。本物にはストーリーがある。製品を作る過程には生々しい生の息吹があるはずだ。そこにストーリーがある。そのような本物を味わうことは、ひとを豊かにするはずである。これからの世の中を担う世代には、本物志向をもって感性豊かな人間になってほしいと思う。年配者もできるだけ後世に本物を残すべきである。

効率性と手間暇——小粒納豆と大粒納豆

今の時代、何かと効率化や合理化が求められる時代である。作家浅田次郎は「納豆礼讃」のなかで、合理性や経済性を追求していけば人間も納豆も小粒になると言っている。さらに、困ったことに小粒は居心地がよいとのこと。小粒納豆が流通し始めたのは発泡スチロール製の容器の登場と軌を一にしていたという。小粒納豆が主流になったのは熟成に要する時間や手間が節約されたからだ。

Tudan 村では、一部の若い世代を除き草むしりは手で行っている。除草剤を使用したくないし、先祖代々そのように教えこまれてきたからだ。

除草剤を使用しない野菜栽培は時間と手間暇がかかる。正直、野菜の見た目も悪い。除草剤を使用したほうが、葉を食べる虫もいなくなり、見た目のいい野菜ができるはずである。見た目の悪い野菜は高値で売ることもできない。

見た目のいい野菜を作る。このことは誰もが同じような野菜を作ることを意味している。発砲スチロールの登場で、画一的な小粒納豆が主流になったように、除草剤や化学肥料といったものが登場し、野菜も同じようなものばかりだ。みんな同じだから、居心地もいいはずである。

最新の科学技術は生き物の時間を無視した速さを追求しており、「遅い」という価値を捨てた。面倒くさいことや手間がかかることこそが村の伝統的な価値でもある。現代人が省略してしまう日常生活のなかに大事な価値があるのではないだろうか。同時に最新科学は「身近さ」も捨てた。最新の灌漑施設ができれば、身近な水環境そのものがなくなり、従来手で管理していたものがコンピュータが代わりを務める。地元の技術や伝統がなくなり、共同管理をしていた人間関係がなくなる。水環境もひとの関係も視覚的に遠くなることで、身近さや親近感はなくなり、伝統的な知恵や技術だけでなく、自然と接する知恵やひとびとの相互扶助関係もなくなるのである。

除草剤を使用しない野菜栽培には個性がある。その地域の物語がある。時間のかかる「手間暇」は効率化や合理化のなかでは価値がないものだろうか。一旦、画一的で同一的な価値を味わってしまうと、効率の悪いものに後戻りができなくなってしまう。居心地の悪い環境を敢えて作る必要はないが、「他と違う」環境も居心地が良いと思えることも同じくらい重要なことだと思う。何かとせわしく、常に何かに急かされている今の時代を生きている若い世代にとっての居心地さはやっぱり小粒納豆なのだろうか。

人類には皆平等に時間が配分されているが時間の進み方はいろいろだ。大都市は四半期ベースで時間が進むのに対し、地域は四季ベースで時間が進むと言われる。最新の科学技術は面倒くさいことや手間がかかることを価値がないものとし切り捨てることもある。その一方で、地域の医療や介護といった人間の人生と関係が深い産業の創生には10年単位の時間が必要と言われている（筧2019）。急いではダメなのだ。地域の特性にあった時間の流れがある。

科学技術と化石燃料は、人間の生活を高速化させた。縄文時代の人間に比べ現代の人間は約40倍のエネルギーを消費しているらしい（本川1992）。現代社会は時間の高速化が進み、人間の心と体に負担をかけている。この負担が「忙しい」ということかもしれない。忙しいとは文字通り心を失うことだ。面倒なこと、手間暇になることに少し目を向けてみる意味はないだろうか？　そこにも何かの価値があると信じたい。生々しいものは「急ぐ生活」では見つからないかもしれない。生が希薄にならないように、心を失わないように、自分らしい時間を見つけることはできないものか。

手で草むしりを行う Tudan 村の農家のひと

デジタル技術革新と手間暇

人類は技術革新によって発展してきた。人類誕生時を狩猟社会とし、紀元前の農耕社会を経て、第１次産業革命（軽工業）、第２次産業革命（重化学工業）と続く。20世紀後半になると、第３次産業革命（自動化・情報化）による情報社会である。そして今後はデジタル革命（AI、ロボット等）の創造社会である。狩猟社会をSociety 1.0とするとこれからの創造社会はSociety 5.0である。Society 5.0はデジタルで変革する社会である。データやデジタル技術を駆使し、暮らしそのものに変化をもたらすものである。電子マネーの普及、車の自動運転化、遠隔医療、遠隔教育である。最新技術を活用した効率性や合理化の極みを目指すものであり、「超便利な社会」を目指すものであろう。

Tudan村の農家のひとの草むしりはSociety 5.0とはまるで正反対のものであるが、古きよき時代を思い出す一つの絵に過ぎないのだろうか。手間暇を人間的、Society 5.0を機械的と捉える対立構造と考えてよいのか。科学の進歩は人間の生活を間違いなく便利なものとし、そこから生じる便益を享受することで生活の質が向上したり、生命の維持や回復にも大きく貢献してきた。今後のさらなる発展が期待されるものである。しかしその一方で、手間暇がデジタル社会にとって不要なものと考えるのは早計である。人間が生まれ持っている五感で感じる能力、変化する環境に対する適応力、いろいろなことに関心を持つ好奇心、倫理や道徳といったものは生きていることを実感するために必要であり、手間暇のなかから育まれる生への実感ではないだろうか（筧2019）。これはデジタル社会にとっても不可欠なものだ。手間暇のなかにある人間的な部分、原始的な部分が、科学というものに昇華されていったのである。科学や機械と対峙するものではなく、人間社会が発展する原点あるいは根本的なものであったと考えることはできないだろうか。人工知能やコンピュータの研究からも、脳に生得的な基本設定がなければ、ひとの脳は現状のように多くの困難な課題を処理する能力を持つことができないことが明らかにされている。

現場に根差した手間暇、脈々と代々継承されてきた身体的な知とも言える手間暇があるから、最新技術を使用した現場環境の改善が可能となっているのである。現場を知らない科学や技術では所詮現場の問題を解決できないと思う。Society 5.0 の真っただ中にいる今の若者世代にはわかってほしいと思う。

本質的な幸福感や安心感
――何でも手に入る時代に手に入れるのが難しい

地球上のどんな遠いところにある地域社会・村落社会も固有のアイデンティティを持っている。隔離された社会というものはなく、外部との交流のなかで固有のアイデンティティも多様性を増し、変化し、豊かさを増すのである。代々、長年かけて培われてきたひとびとの環境への働きかけである生活文化を継承し、守ることは、生活の基盤をゆるぎないものとする。それは利便性とはまた違った点で生活を豊かで安定させる。多様であることは生活への安心につながるのである（井村 2014）。そのようないろいろなつながりを持つ地域の固有のアイデンティティは、幸福度を高め、生命力を高めるのである。ひとびととの交流が進めば、成功・失敗を経験し、教訓を学び新しい価値観や考えが生まれ、地域の生産性や創造性を高めることにもつがなるかもしれない。

現代社会は、多様な価値観があって、正しいと正しくないだけではなく、どのように生きていくのか、幸せとは何かがよくわからない時代かもしれない。自分たちではどうにもできないこともあるし、日本の貧困問題がクローズアップされる時代でもある。コロナウイルスによる大打撃はひとびとに下を向かせ、内向きな雰囲気を作っている。今までの固定観念だけでは生きていくことは難しく、外部からのものを自律的にまた自立的に、ときどきの環境や状況にあったものを取捨選択しながら、自分探しを行い、自己実現に向けて生きていかないといけない。

今の便利社会では世界中のいろいろなものがいつでも簡単に手に入る。日本では珍しいマンゴーやドリアンといった熱帯性の果物も簡単に手に入る時代である。また日本の冬には手に入らなかったスイカやイチゴなどが寒い冬の食卓に並ぶ時代である。最新の科学技術は社会を便利にした反面、日本人の四季の感覚を失くしかけている。もっとも気候変動の影響で温かい冬が続き、本来の冬がなくなっている。これも人間の仕業である。逆に、どれだけ科学技術が発展しても、ひとの信頼や信用、助け合いの精神や絆、生きがいといったものは手に入らないこともある。Tudan 村のひとたちが幸福にとっていちばん重要視していたものだ。日本でもこのような貨幣経済に換算できないものの価値が大きくなっている。

結局のところ、世の中が利害関係で動いていながらも、今の日本の状況では、本当は心の豊かさや安全と安心を求めている時代なのかもしれない。安全な水・食料が困難なく手に入ること、病気になったら医者に診てもらえる社会であること、災害に遭った時に救援してもらえると信じられる社会であること、今の社会を生き抜くに必要な知識を学ぶことができる教育環境があること、労働に対する公正な賃金がもらえる社会であること、であろうか。どれもごく基本的なものである。この基本的な安全・安心を求めているのが今の日本なのかもしれない。

今の学生に求められるもの——学士力

日本の中央教育審議会は 2008 年に学士課程において共通に育成すべき「学士力」として学習効果を整理した。大きく四つに整理されている。①知識・理解として、多文化・異文化に関する知識の理解と人類の文化・社会・自然に関する知識の理解、②汎用的技能として、コミュニケーションスキル、数量的スキル、情報リテラシー、論理的思考力、問題解決力、③態度・志向性として、自己管理力、チームワーク・リーダーシップ、倫理観、市民としての社会的責任、生涯学習力、④統合的な学習経験と創造的思考力、である。昔は暗記中心で知識詰め込み型の教育であったように思うが、今の学生はとてもたいへんだ。学士力だから、大学の 4 年間で期待されているものだ。大学の教育内容もその質が問われるし、学生だけではなく教育の主宰者である教員の質や大学運営自体の質も問われる時代である。

学士力は教室のなかだけで育まれるものではないであろう。自分と異なる価値観を持ったひととの交流や共同作業、学生以外のひととの交流や大学以外での社会活動などなど、多くのことを体験・経験しないと難しいであろう。4年間の限られた時間を如何に有効に使うのか、ボーっとしている時間はないだろう。学生も忙しい。

学士力を習得し向上させていくための手段は多種多様であるが、国際協力による地域開発にかかわることは極めて有効ではないだろうか。多文化理解、課題発見・解決力習得、コミュニケーション能力向上、チームワーク醸成、社会的責任遂行など多くの要素を含んでいる。実際に「現場」に触れることで、学生さんが、「知って、考えて、発見して、行動に移す」のステップを通じ、刻々と変化する四囲の環境に順応的にかつ柔軟に対応していく人材育成ができると思う。

Tudan村での実践活動やTudan村の村人との交流は学士力にとって重要であると思う。私がサバ州に滞在中に多くの学生さんがTudan村に足を運んだ。それぞれ感じたことは違うが、貴重な経験であったと言ってくれた。Tudan村のひとたちから多くのことを学ぶことができたと言ってくれた。自分の生活を見直す機会になったとも言ってくれた。国際協力の現場で学ぶことは学士力の向上の近道かもしれない。

これからの日本――知的好奇心とチャレンジ精神

今の日本は財政悪化、総人口の減少、少子化に伴う国内消費の規模縮小、いろいろな課題が山積みである。少子化と人口減少は、将来の国内労働力の低下を招き、また税収減少による財政悪化に拍車をかけるだろう。内需産業は後退し、外への依存が一層大きくなると推測される。

日本の外を概観してみると、「成長するアジア」である。競争環境は激化し、今まで援助されていた国が援助する側にその立ち位置を変えている。開発途上国の政治的かつ経済的な存在感は飛躍的に大きくなっている。日本が他国を凌駕する経済成長の時代はとっくの昔に終わっており、日本がアジアを牽引する時代ではない。これからは、日本の優位な点を活かしながら周辺国と如何に勝負をしていくか、如何に新しい協力関係を築いていくことができるのか、が問われる。アジアと共に成長をしていく日本なのである。○○国は嫌い、などと言っている時代ではないと思う。経済の内外一体化の進行に伴い、グローバル人材の需要も増加しているのである。異文化理解、語学力・コミュニケーション能力、チャレンジ精神が求められる時代である。国連難民高等弁務官を務めた緒方貞子さんも「文化、宗教、信念が異なろうと、大切なのは苦しむひとびとの命を救うこと。自分の国だけの平和はありえない。世界はつながっているのだから」と言い、また「日本のあらゆる若い世代に、『何でもみてやろう』『何でもしてやろう』という姿勢を、意識的に持ってもらいたいと思います」と言っている。

アメリカのある大学におけるアジア留学生の数を調べてみた。インド、中国、韓国に比べ日本人学生は少ない。総人口の事情もあるが、アメリカ留学をする日本人学生の数が減少をしている。思い切って海外に飛び込むことを躊躇するのか、それとも他に何か事情があるのかはわからない。

ひとの成長は知的好奇心であると私は信じている。何かを知りたいと思う気持ちがひとを成長させると信じている。無関心はいけない。関心を持てばもっと知りたいと考え、学ぶことにつながる。学びを通じて考え、考えたことを他者に伝えるようになる。伝えるようになると何かの行動を起こしたくなる。こういった一連の態度や行動変容がひとの成長だと思う。国際協力はまさにこの変容をもたらすきっかけになると信じている。そして、このような一連のプロセスを通じて、人間が豊かになる、人生が豊かになる、相手の気持ちや立場がわかるようになる、自分を見つめなおすことにもつながる、ひとに対して優しくなれる、まさに自己実現を助けてくれるのが国際協力であるように思う。

私はTudan村のこと村人のことをもっと知りたいという気持ちからTudan村の事業に携わった。Tudan村の村人との交流を通じて、自分のことを見つめなおすこともできるようになったし、自分の人生が豊かなものになった。Tudan村の村人との出会いは人生の宝である。人生の半分をすでに生きているが、この出会いを糧にもっともっと成長したいと思う。

これからの世界――国際人としての価値観

これからの時代、日本一国だけで生存できるはずはない、みんなで協力しあって生きていかなければならない、ということに大手を振って反対するひとはいないと思う。「海外援助に支えられ復興を遂げた日本」というものを意識したことがある若い世代はどの程度いるだろうか？　日本は戦後、国際機関から援助を受けて急速に発展してきた。東海道新幹線、東名高速道路、黒部第四ダム、学校給食などである。だから、日本はこのような日本の経験を他国の発展のために活かすべきであるとの考えである。

異なった価値観を所有する国家あるいは民族が接触した際に、互いの価値観が顕在化し、時に衝突が起こることがある。国際化が進み、国境を越えて移動するひとびとが増えている現代では、価値観が衝突する機会も増えている。国境のない日本国内でも、多様なひとが多様な環境のなかで生活をしている以上、いろいろな違いがあり、そこからちょっとした衝突やいざこざが起こることはある。

地球上には多様な価値観が存在することを認識し、自分あるいは自分が属する集団以外の価値観を知ることが求められている時代である。環境問題、エネルギー問題等はすべて人為的な問題であり、価値観の産物そのものである。根底に含まれている価値観に適応性のある変化が起こらない限り、長期間かけても矯正されない。ひとびとのなかに根付いている価値観を理解した上で、その価値観に寄り添うことが重要である。

感性溢れる個性的な人間になるために

レイチェル・カーソンの『沈黙の春 Sense of Wonder』に次のような記載がある。

「子どもたちの世界は、いつも生き生きとした新鮮で楽しく、驚きと感激に満ちあふれています。残念なことに、わたしたちの多くは大人になるまえに、澄みきった洞察力や美しいもの、畏敬すべきものへの直感力をにぶらせ、あるときはまったく失ってしまいます。もしもわたしが、すべての子どもの成長を見守る善良な妖精に話しかける力をもっているとしたら、世界中の子どもに、生涯消えることのない『センス・オブ・ワンダー――神秘さや不思議さに目を見はる感性』を授けてほしいとたのむでしょう。この感性は、やがて大人になるとやってくる倦怠と幻滅、わたしたちが自然という力の源泉から遠ざかること、つまらない人工的なものに夢中になることなどに対する、かわらぬ解毒剤になるのです」。

若いときに自己形成されるのはそのとおりであるが、自己実現は一生をかけて行うものであり、そのために元々生まれ持っている新しいものへの感動や畏敬の念といったものは生涯持っていたいものである。そのような感性に近いものは、若いときは生き甲斐として、歳を重ねていくと死に甲斐として、その中心的な感情になってくれる。それが人生を豊かにし、人間力を高めることになるはずだ。

人間も村落社会と同じで、年月を重ね外部とのいろいろな交流や接触によって大きな変化を迫られるものである。その外部からの変化を自分事として受け止め成長につなげるのか、あるいは押しつぶされて自分を見失うことになってしまうのか。

また、日本のような横並び教育の弊害もある。ピアプレッシャー（peer pressure）といって、日本の社会のようにお互いに監視しあう水平管理の強い社会では、周囲との和や全体の利益を重んじ、誰もが集団で認められた規律や価値観、行動様式に従わなければならないとする同化圧力が働きすぎることがある。要は、みんなと同じがいい、みんなと違ってはいけないとする気持ちである。これでは個性が育たないし潰されてしまう。個性はそのひとそのものであり、個性を維持し発展的に育んでいくことが人間力の源ではないだろうか。みんな違ってみんないい、はずである。

今の世界は目まぐるしく動いており、今後も変わらないだろう。人間力が必要な時代である。Tudan の村人たちは、このことを教えてくれる。マレーシアの山奥の小さな村人の伝統や日常の生活実践が、今の日本や世界に必要なことや失いかけているものを気づかせてくれる。どんな場所でもどんな時代でも自己をきちんと持って自分らしく生きることである。

コロナ禍のなかの苦しみと希望

今のコロナウイルスはいろいろなものを「分断」した。ひととひとの直接な接触が減った分、生々しいもの、温かいもの、などへの感性を鈍らせてしまった。安全とか安心とか信頼とか、そういったものが身近なものでなくなってしまい、逆に、孤独、不安、不信といったものに支配されそうになっている。今の時代、何が大事なのか、何が問題なのか、どこに向かっていくのかがわからない時代かもしれなない。

そんな中でも、四囲の環境に柔軟に変化し、意識や行動を変容することができるひともいる。オンラインでの他者・外部との交流を通じて、自己を確立し、希望を見出している。このようなひとは、コロナによる分断のなかで、新しい「つながり」を意識しているひとたちのように思える。自分とはどんな存在なのか、世界のなかで自分はどのような位置にあるのか、将来に不安を抱えながらも将来世代に気配りし今の時代をどう生きていくかを考えている。

Tudan 村のひとたちは外部からの大きなうねりや異なる価値観と対峙しながら、村落内の絆や安全・安心を常に優先事項としながら、新しいものを取り入れながらも自己を確立し、自分や村落の生活を守り続けている。時には、大きな不安を抱えながら、それでもただ純粋に前向きに生きている。強く生きているのである。

今の世の中、正しい / 正しくないだけでは生きていけない。苦しみと希望が錯綜する時代だからこそ、いろいろな価値観のなかで、自己を見出し、他者へ感謝し、社会や地球のことも考えながらそれぞれに生きていくしかないのである。ボルネオ島の小さな村でのいろいろな実践活動はそんなことを教えてくれていると思うのである。

あとがき

Tudan村にはジャパニーズキューカンバーと地元で呼ばれている野菜がある。ハヤトウリである。私がTudan村を訪問するようになってかなり初期の頃に農家の方から教えてもらった。なぜこのような呼び方になったのかは村人は知らない。サバ州には日本軍が駐在していた時代に使用していた武器の残骸などが山中にあり、年配の方には日本との戦争の苦い経験が記憶として残っているようである。私はTudan村のひとたちから日本との戦争の話を一度もされなかった。気を使っていたのだろうか。ジャパニーズキューカンバーも日本軍占領の時に生まれた用語であるような気がする。村人もそれを知っていたのだろうか。私がかかわったTudan村は日本とは無関係ではない村であった。

2015年5月から6月にかけてサバ州ではたいへんなことが起こった。5月30日にヨーロッパ人ら（男性6名、女性4名）がキナバル山の山頂で裸になるパフォーマンスをした。彼ら彼女らはいわゆるバックパッカーとして旅行をしていたのだが、世界中の聖地と言われる場所で裸になることを趣味のようにしていた若者たちであった。カンボジアのアンコールワットでも同様のことをしてきたようである。新聞に裸になった様子が一面で報道され大騒ぎとなったのである。これがなぜ報道で大きく取り上げられたかというと、情報は彼らと共に登山した山岳ガイドからのものであった。キナバル山の登山には地元の山岳ガイドを帯同させることが義務付けられている。これは、地元の人材雇用という側面もあるが、登山の途中でキナバル山やサバ州のいろいろな情報を提供する機会にもなっており、登山者にとっては楽しいひと時のはずである。地元の山岳ガイドの帯同には登山者の安全を守るという目的もある。ではこの日何が起きたかというと、このバックパッカーの若者は山頂付近で裸になり、何とそこで放尿を始めたのである。立ちションである。これには地元山岳ガイドも驚き、怒り、若者に向かってこう発言した。「ここキナバル山は私たちにとって神聖な場所です。そのような行為はやめてください」。これに対し、若者は「うるせ〜お前なんか地獄に落ちろ！」と言い返したとのことである。このことを知って、多くのサバ州のひとたちは、「二度とサバに来るな！　一刻も早く国外に出ていけ！」と声高に叫んでいたものだ。

それから一週間も経たない6月5日の朝7時過ぎ、地震がないと言われていたサバ州でマグニチュード6.0の地震が起こった。震源地はキナバル山。この時、私はコタキナバルにある28階建てのビルの14階の職場でコーヒーを飲んでいたが、コーヒーはこぼれ、書棚からファイルが落ち、立っていられない状況であった。サバに地震はないと信じていた住民はちょっとしたパニック状態に陥り、キナバル山付近では道路陥没、建物にひびが入るなどの被害が生じ、ちょうど修学旅行で登山中の学生含め数人が命を落とすことになった。

なぜ今回の地震が起こったのか？　今回の地震はサバ州の聖地を侮辱したバックパッカーの行為にキナバル山が怒ったからだ、と主張するひとが少なからずいた。キナバル山はサバ州のひと、特にカダサンドゥスンという民族にとっては聖なる場所で、多くの信仰、伝統、文化の源であり、彼らのアイデンティティである。それを外国人の観光客が侮辱をしたのである。

この後の対応はすごかった。まだサバ州内にいるであろうこの外国人を国外に出さないように各方面に働きかけたのである。SNSや携帯を使い、サバ州内の空港と港に情報網を張り、「あいつらを絶対に国外に出すな！　見つけて然るべき処分を下す」と息巻いていた状況は外国人の私にもよくわかった。連日の新聞報道は、「二つの事を結びつけるのは強引だ、無理がある、という批判は構わない。でもカダサンドゥスン民族が持つスピリットは現存しており、キナバル山と共に生き続けている」という内容であった。

時の環境大臣はこの状況を見事に収めた。バックパッカーの行為と地震の因果関係はない。この二つを結びつけることは、サバ州民族が野蛮民族と国際社会からみなされてしまう。サバのひとびとも法の番人たちも、地震の原因が地質的な運動ではなく、「山の神の怒り」によるものと本気で信じていて、そのために科学的考察もまっとうな法的手続きも経ずに生け贄を求めていると海外から批判を受けることを大臣は心配していたのである。サバ州民族は高貴な民族であるはずだ。このように言って、刑法ではなく、民族の文化や歴史を冒瀆したとして慣習法に沿って罰することに決めたのである。国外に脱出できなかった若者は、3日間の拘留と日本円で15万円相当の罰金を科せられたのである。自然に畏敬の念を感じることはよくある。自然には無形の価値がある。人間の愚かな行為に対する自然の怒りというものはあるのだろうか。人間は自然とどのように付き合っていくべきなのか。

私がサバに滞在中に本当に多くの日本人が来てくれた。私はサバ州のいいところもそうでないところもつぶさにお話し、現場にも足を運んでもらおうとした。もちろんTudan村にはお連れするが、長い時間は必要ないので、どこか「サバらしい」場所にお連れしないといけないことも多かった。そんな時は、観光客もよく訪れるテングザルとホタルを見ることができる場所にお連れしたものだ。しかし、私がサバ州にいたたった3年間で様相ががらっと変わってしまった。最初の頃はテングザルが木から木へ飛び移る光景に声を出して喜び、夕方になると沈む太陽と入れ替わるかのように、無数のホタルが自然の光を発してくれる。悠久の自然というか、異次元な世界というか、何とも言えない感動に言葉を失うほどだった。この動と静を味わうことができた場所が、開発の波で変わってしまったのである。僅かな土地は焼かれオイルパームのプランテーションになった。テングザルの住処である森林は消失し、煙を嫌うサルは病気になる。森林は広大なオイルパーム林に囲まれるように小さく孤立化し、テングザルは奥へ奥へ移動し、ひとの目から離れていく。ホタルも生息場所を失い、沈む太陽にとって代わって光を灯すものはない。かつての光景はそこにはない。テングザルとホタルで観光客を引き付けていた商売も成立しなくなる。一つの産業が別の産業を崩壊させている。

日本国内の経済不況、世界的なコロナウイルスの蔓延など、今の若者世代は将来に対して悲観していないだろうか。なかなか希望を見出しにくい現代社会において、予定調和的に理論と実践の対話を描くような文書は時として牧歌的

テングザル（上）　夕焼けの様子（下）

でリアリティーに欠けることがあるかもしれない。生活者の視点に立って考え、社会にとって望ましい持続性、堅牢さ、しなやかさ等について深い問いを発信し、今後の社会の在り方や目指すべき方向の一つを提示したいと考え本書の作成に取りかかった。

この本のなかに書いたことは私が感じたことや経験したことを中心にした。決して美化しているわけではない。Tudan 村という小さな小さな村の話が、地球全体の話にまで発展し、日本を含む世界中の人間にとって多くの示唆と意味にまで昇華していくこと、これからの混沌として不透明で不確かな世界で如何に自己実現を図り幸せに生きていくべきかを教えてくれること、などなどを書いたものである。私が知っている青年海外協力隊員が次のように言っていた。「聞いたことは忘れる、見たことは思い出す、体験したことは理解する、発見したことは身につく」。本書を通じて、何か一つでも小さな事でも、「そうだね～」と共感し、新しい発見につながってくれたら幸いである。

この本の出版にあたっては多くの方々にご支援をいただいた。株式会社明石書店の神野斉様には、出版の機会をいただき、また本書の全体構成や表記について貴重なご助言を多く頂戴した。同社の寺澤正好様には、表記の内容や体裁に関し、きめ細かいご助言を多く頂戴した。ここに記して感謝申し上げたい。

Tudan 村のすべての方、サバ州政府の皆さんに感謝を申し上げたい。一緒に活動を行う機会に恵まれ、本当に楽しく、また非常に多くのことを教えていただいた。皆さんとご一緒させていただいた日々は間違いなく私の財産である。いつか恩返しができればと思う。

Tudan 村での活動にあたって日本の多くの方にご助言や叱咤激励をいただいた。全員を記して御礼できないことをご容赦いただきたい。

家族、なかでも妻の万紀子、息子の蓮にも感謝したい。家族を置いて単身でサバ州に赴任しても、日本から毎日励ましてくれた。特に、2018 年 11 月に亡くなった父に感謝をしたい。闘病中に書籍の出版の話をした時に「初稿の推敲をしてやる」と言って楽しみにしていたが、私の怠慢で執筆の作業が遅れてしまった。今でも後悔している。墓前にて本書の刊行を報告したい。

なるべく平易な表現にするように心がけたつもりであるが、力の及ばなかった点があったことをご容赦いただきたい。特に、メッセージを発したいとの強い思いが、強い自己主張に映ってしまった点もあろうかと思う。内容・表現についての責任はすべて私個人に帰するものである。内容に関し、ご意見を賜りたいと思う。

2021年9月15日

鈴木和信

参考文献・参考図書

BBEC II Secretariat（2012）Completion Report on the Bornean Biodiversity and Ecosystems Conservation (BBEC) Programme in Sabah, Malaysia, A guidebook for planning and preparation of River Environmental Education Programme (REEP).

Fact Sheets of Forest Reserves in Sabah(2015), Sabah Forestry Department.

Folke Günther（2004）Ruralisation, A Possible Way to Alleviate Our Current Vulnerability Problems.

Japan International Cooperation Agency（2014）, Community-Based Conservation Survey at Kg.Tudan, Sabah (Preparation Stage), Sustainable Development on Biodiversity and Ecosystems Conservation, Sabah.

Japan International Cooperation Agency（2015）, Community-Based Conservation Survey at Kg.Tudan, Sabah (Consultation Stage), Sustainable Development on Biodiversity and Ecosystems Conservation, Sabah.

Japan International Cooperation Agency（2015）, Community-Based Conservation Survey at Kg.Tudan, Sabah (Integration Stage) , Sustainable Development on Biodiversity and Ecosystems Conservation, Sabah.

Kazunobu Suzuki, Devon Dublin, Nobuyuki Tsuji and Mitsuru Osaki (2015) Evaluation of SATOYAMA – human and nature coexistence system- in applying Satoyama Agricultural Development Tool(SADT) and Happiness Survey in Sabah State, Malaysia, *NeBIO:An international journal of environment and biodiversity*, Vol. 6 No. 3 pp.1-11.

Kazunobu Suzuki,Wong Tai Hock, Roslan Mahali, Elizabeth Malangkig, Charles S Vairappa,Nobuyuki, Tsuji and Mitsuru Osaki(2015) Key concept of "Satoyama" on Sustainable Land Management -Case Study from Sabah, Malaysia-, *Global Advanced Research Journal of Agricultural Science,* Vol. 4(12) pp.831-839.

Kazunobu Suzuki , Nobuyuki Tsuji and Mitsuru Osaki (2015) Sustainable Self-Sufficient Food based on Energy Potential: Analysis in Sabah, Malaysia, *Global Advanced Research Journal of Agricultural Science,* Vol. 4(12) pp.871-877.

Kazunobu Suzuki, Nobuyuki Tsuji and Mitsuru Osaki (2016) Analysis of Natural Capital for Establishing Sustainable Society, Case Study from Tudan Village, Sabah State Malaysia,

International Journal of Agricultural Science and Research (IJASR) Vol. 6 Issue 3 pp.163-176.

Kazunobu Suzuki, Nobuyuki Tsuji , Yoshihito Shirai, Mohd Ali Hassan, Mitsuru Osaki(2017) Evaluation of biomass energy potential towards achieving sustainability in biomass energy utilization in Sabah, Malaysia, *Biomass and Bioenergy* 97 pp.149-154.

井村礼恵（2014）「ホームガーデンの役割――宮城県気仙沼市大島を事例に」環境教育学研究，東京学芸大学環境教育研究センター研究報告，23 号，p.89.

岩崎正弥・高野孝子（2010）『場の教育――「土地に根ざす学び」の水脈（シリーズ地域の再生）』農山漁村文化協会．

筧裕介（2019）『持続可能な地域のつくり方――未来を育む「人と経済の生態系」のデザイン』英治出版．

カルロ・ペトリーニ / 石田雅芳 訳（2009）『スローフードの奇跡――おいしい、きれい、ただしい』 三修社．

木俣美樹男（2014）「生涯にわたる環境学習過程の構造――環境学習原論の構築に向けて」環境教育 VOL.24, NO.2, p.56.

玄田有史・荒木一男,「終章 危機対応と希望：「小ネタ」が紡ぐ地域の未来」東大社研・中村尚史・玄田有史編（2020）『地域の危機・釜石の対応――多層化する構造』、東京大学出版会．

堺誠一郎（1977）『キナバルの民――北ボルネオ紀行』中央公論社．

慎泰俊（2009）『15 歳からのファイナンス理論入門　桃太郎はなぜ、犬、猿、キジを仲間にしたのか？』ダイヤモンド社．

鈴木和信 (2014)「国際協力における自然保護区管理――マレーシアサバ州の事例」季刊「環境研究」公益財団法人，日立環境財団，第 174 号，pp.89-96.

鈴木和信（2015）「自然共生社会に向けた地域開発の取組み――マレーシア・サバ州における JICA（国際協力機構）のマルベリー生産支援の事例」海外の森林と林業　海外林業研究会，No.94, pp.9-13.

鈴木和信 (2015)「生物多様性保全に向けた環境教育の実践と持続可能な社会の構築に向けた環境教育の展望――マレーシアサバ州の事例より」日本環境教育学会誌，Vol.25, pp.152-159.

鈴木和信 (2016)「参加型 3 次元モデルの作成による持続可能な社会構築に向けた環境教育活動の報告――マレーシアサバ州と日本の協力事例より」日本環境教育学会誌，vol.26-2, pp.52-59.

鈴木和信（2016）「マレーシア・サバ州の環境保全の現状と JICA（国際協力機構）の取

組みについて」海外の森林と林業 , 海外林業研究会 , No.95, pp.32-37.
武内和彦・渡辺綱男（2014）『日本の自然環境政策――自然共生社会をつくる』東京大学出版会 .
田中直（2012）『適正技術と代替社会――インドネシアでの実践から』岩波新書 .
日本環境教育学会（2014）『環境教育と ESD (日本の環境教育)』東洋館出版社 .
村山史世（2014）「ESD の実践と地域社会の変容――環境教育における実践コミュニティの意義」日本環境教育学会年報編集委員会『日本の環境教育第 2 集 , 環境教育と ESD』東洋館出版社 , p.95.
藻谷浩介（2013）『里山資本主義』角川書店 .
本川達雄（1992）『ゾウの時間 ネズミの時間――サイズの生物学』中央公論新社 .
吉本哲郎（2008）『地元学をはじめよう』岩波ジュニア新書 .

参考・引用 WEB 一覧

p119-120　バイオマス発電（経済産業省資源エネルギー庁）
https://www.enecho.meti.go.jp/category/saving_and_new/saiene/renewable/biomass/index.html （2021 年 8 月 16 日アクセス）
p130　第四次環境基本計画（環境省）
https://www.env.go.jp/policy/kihon_keikaku/plan/plan_4/attach/ca_app.pdf （2021 年 8 月 16 日アクセス）
p158-160　地域循環共生圏（環境省）
https://www.env.go.jp/seisaku/list/kyoseiken/pdf/kyoseiken_01.pdf （2021 年 8 月 16 日アクセス）
p166　不安な個人、立ちすくむ国家～モデル無き時代をどう前向きに生き抜くか～（経済産業省）
https://www.meti.go.jp/committee/summary/eic0009/pdf/020_02_00.pdf （2021 年 8 月 16 日アクセス）
p171-172　メキシコ漁師の話
http://mylifeyourlife.net/2013/02/the-mexican-fisherman/ （2021年8月23日アクセス）
p172-173　マイナーサブシステンス
https://www.ruralnet.or.jp/syutyo/2006/200609.htm （2021 年 8 月 25 日アクセス）
p180-181　Society 5.0（内閣府）https://www8.cao.go.jp/cstp/society5_0/ （2021 年 8

月 16 日アクセス）

p182-183　学士課程教育の構築に向けて（答申）（中央教育審議会）
https://www.mext.go.jp/component/b_menu/shingi/toushin/__icsFiles/afieldfile/2008/12/26/1217067_001.pdf　（2021 年 8 月 16 日アクセス）

[著者略歴]

鈴木 和信（すずき　かずのぶ）

環境保全と村落開発を中心とした国際協力に約25年携わる。スイス、タイ 、ベトナム、マレーシア等の海外駐在の経験あり。現在は南国フィジーにて単身滞在中。持続可能な社会の構築のための調査研究や現場活動に取り組む。農学博士。技術士（環境）。

ボルネオ島における持続可能な社会の構築
――自然資本を活かした里山保全 奮闘記

2021年10月20日　初版 第1刷発行

著　者　鈴　木　和　信
発行者　大　江　道　雅
発行所　株式会社 明石書店
〒101-0021 東京都千代田区外神田6-9-5
電話 03（5818）1171
FAX 03（5818）1174
振替　00100-7-24505
https://www.akashi.co.jp/

進　行　寺澤正好
組　版　デルタネットデザイン
装　丁　明石書店デザイン室
印　刷　株式会社文化カラー印刷
製　本　協栄製本株式会社

（定価はカバーに表示してあります）　ISBN978-4-7503-5273-2